図説

# 錬金術

歴史と実践

吉村正和

# 目次

THE·RED·SEE·THE·RED SOL·THE·RED·ELIXER·VITE



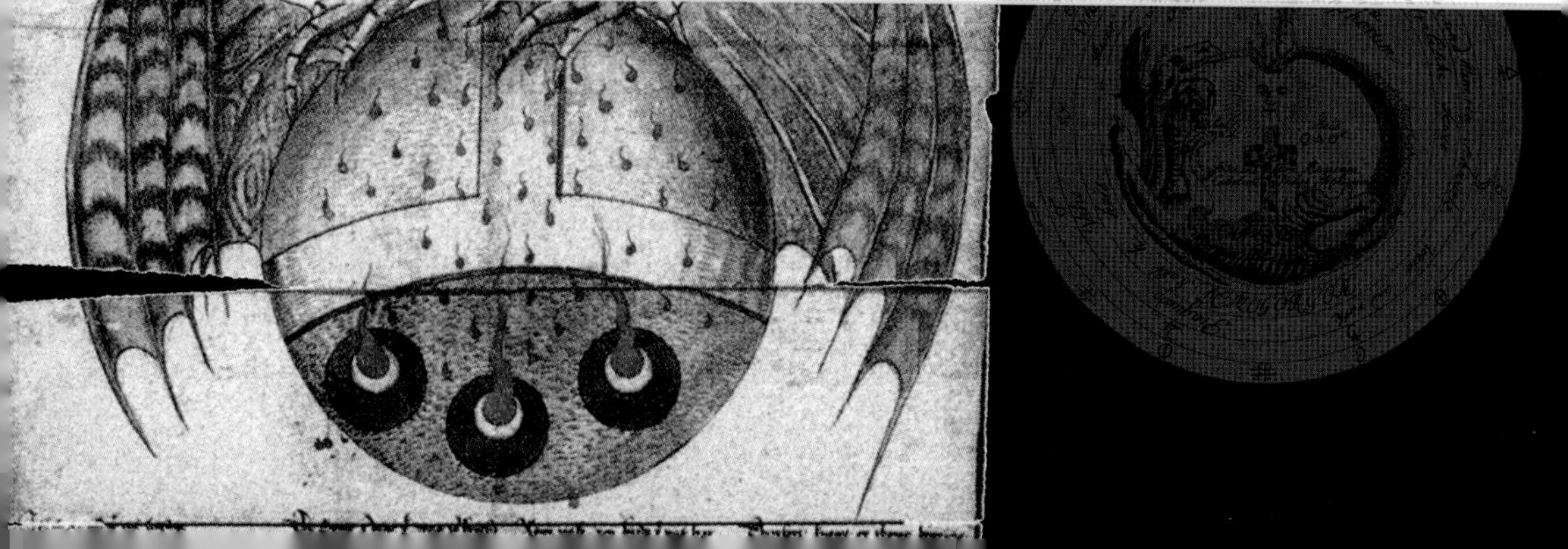

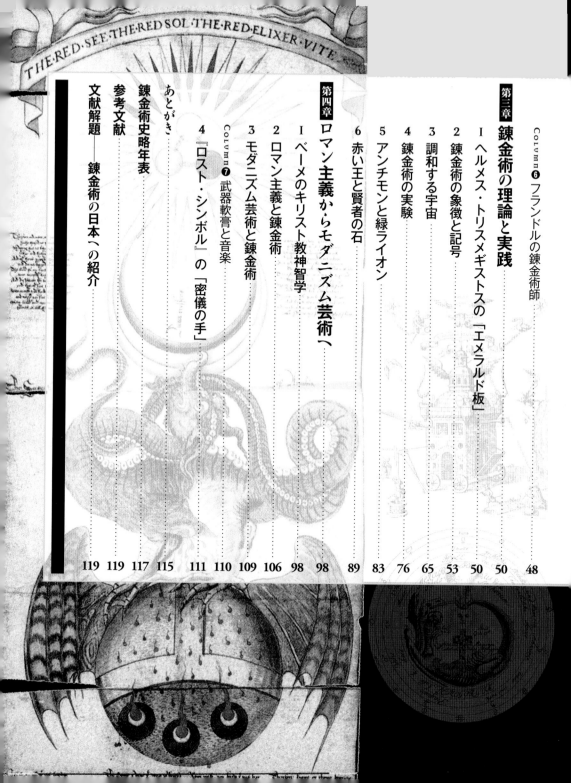

# はじめに

錬金術が最盛期を迎える歴史的背景としては、ヨーロッパが追い求めた黄金への夢を挙げることができる。一五世紀にヨーロッパ世界はスペインとポルトガルが先頭に立ち、アメリカからアフリカ、アジアへと世界の果てまで新しい探検の道を延ばしていた。この大航海時代の探検の底流を成していたのは、アメリカなどから流入する黄金の魔力である。しかし、金を卑金属から変成することができるならば、何も新大陸まで出かけていく必要はないはずである。この意識こそ、ヨーロッパ世界が長い期間にわたって追求し続けた錬金術への夢の根底にあるものであった。ベン・ジョンソンの『錬金術師』（一六一〇年）において登場人物のマモンは、錬金術師＝詐欺師サトルの実験室に入るさいに「いよいよあこがれの新世界に上陸するのだぞ。ここは豊かなペルー」と語る。「実験室」は黄金を産する「新世界のペルー」と重ねられた。スペインのフランシスコ・ピサロは一五三三年にインカ帝国を滅亡させて黄金などの財宝を持ち帰り、ヨーロッパ諸国の羨望の的となる。サトル（「精妙な」という意味がある）という名前が錬金術の「精気」を暗示するように、マモンという人物の名前は「拝金」に由来する。一六世紀末から一七世紀にかけての錬金術の大流行の背景には、黄金を植民地から奪略するのではなく、邸内の実験室において製造しようとする時代の熱い想いがあったのである。

ジョンソンの『錬金術師』の主題は、実際に錬金術によって卑金属から金を変成するのではなく、詐欺師が愚者をだまして金を巻きあげる過程である。錬金術による金の変成がほぼ不可能であると理解されるようになるのと並行して、錬金術＝詐術という見方が浮上した。一四世紀末に完成したジェフリー・チョーサーの傑作『カンタベリー物語』の「僧の従者の話」には、穴をあけた木炭や中空にした攪拌棒に銀粉を詰め、こぼれ落ちないように蠟でふさいで使用する詐欺師の姿がすでに紹介されている。水銀を入れた坩堝《るつぼ》を加熱していき、攪拌棒を入れると銀が溶け出すという単純なトリックで、水銀を銀に変えたと人々をだましたのである。チョーサーはまた、アルノー・ド・ヴィルヌーヴの『賢者の薔薇園』からの引用として、「水銀はその兄弟である硫黄の知識がなければ、何人もそれに化学的な変化を与えることはできない」と述べているように、錬金術の基本としての硫黄＝水銀理論も紹介している。ジョンソンやチョーサーは錬金術に関して実際には造詣が深いにもかかわらず、徹底して錬金術と錬金術師を揶揄し批判しており、「錬金術」が詐術であるという評価が一五世紀には定着していたことは明らかである。

一七世紀になると、詩のメタファーとしての錬金術とそのイメージは、ジョン・ダンやアンドルー・マーヴェルなど形而上詩人と呼ばれる一派に好んで用いられるようになる。イギリス最高の宗教詩人ジョン・

ミルトンも長編詩『失楽園』（一六六七年）第三巻において、悪魔（サタン）が新たに創造された宇宙を探検する途中に太陽に立ち寄り、言語に絶する輝きをもつ金属や宝石に混じって賢者の石を見る場面を挿入している。そこには「現実にどこかで見られるというよりも想像上の石、——つまり、この地上で錬金術士たちが長い間空しく求めてきたあの石、いやあれに似た石」（すなわち賢者の石）が輝いていると描写されている。さらに、この石は地上においては、「流動する水銀《ヘルメス》を縛ろうとしたり」、「蒸留器《リムベック》にかけて本来の姿にもどそうとしたり」しても手には入らないものであったが、太陽においては「純粋な錬金薬《エリキサ》が噴出し、溶けた黄金が川となって」流れているとも書かれている。ピューリタンのミルトンは実際にはそう考えなかったかもしれないが、この文脈では、太陽を使う錬金術師とは神自身であるとも解釈できるのである。

　本書では、変幻自在なヨーロッパの錬金術の歴史と理論を、「変成」、「抽出」、「完成」、「生命霊気」という四つのキーワードを中心にして検証する。「変成（transmutation）」とは、物質が化学的な操作によって外形と内容を変化させ、別の物質に変わることである。「抽出（extraction）」とは、物質の内部に隠されている成分を化学的な操作によって外に引き出すことである。ちなみに抽象（abstraction）も、「離脱」を意味する接頭辞absと「外に」を意味する接頭辞ex以外は綴りが「抽出」と同じであり、抽象絵画と錬金術とは語源的にも共通するものがある。「完成（perfection）」は、物質が化学的な操作によって完全な状態になること、金属の場合には成熟して金になることである。錬金術の対象が物質だけでなく人間自身でもあるとすれば、「完成」とは想像力の覚醒によって人間が神的境域へと導かれることである。「生命霊気（pneuma, spiritus vitae）」は、錬金術師が物質から化学的な操作によって抽出しようとするものであり、錬金術の最終目標となる「賢者の石」そのものともいえる。錬金術において第五元素、宇宙霊、精気、エーテルなどと呼ばれているものは、「生命霊気」という用語によって包括的に示すことができる。なお、表現上の問題として、錬金術の目標となる最終物質は「哲学者の石」と表記されることもあるが、本書では「賢者の石」で統一した。同じように『哲学者の薔薇園』、『哲学者の群れ』などの書名も『賢者の薔薇園』、『賢者の群れ』とした。天地創造における「混沌」は「渾沌」と表記した。

　本書の構成については、まず第一章で一六世紀から一七世紀のヨーロッパにおいて錬金術がどのような産業や技術と歩調を合わせて登場してくるかを見たのち、錬金術の実験室や錬金作業のさまざまな工程など、錬金術の基礎技術について紹介する。第二章では、アラビア錬金術からパラケルススを経て薔薇十字（ヘルメス派）錬金術、さらに化学派の錬金術へと展開するヨーロッパ錬金術の歴史をたどる。そして、第三章において「エメラルド板」に凝縮されている錬金術の理論、錬金術の象徴的表現、天地創造と音楽との関係について考察したのち、ロバート・フラッドやアイザック・ニュートンが試みたとされる錬金術の実験、「賢者の石」と「赤い王」などの主題について検証する。第四章では、ヤーコプ・ベーメを通してロマン主義からモダニズム芸術にまで影響を及ぼすことになるキリスト教的神智学について考察し、最後にダン・ブラウンの『ロスト・シンボル』に登場する錬金術の象徴、「密儀の手」を紹介する。

第一章

# 錬金術の基礎技術

## I 産業と錬金術

### 貨幣経済と鉱業の発展

　錬金術が一六世紀から一七世紀にかけて隆盛をきわめた背景として、貨幣経済の発展、火砲（火薬）や活版印刷の発明などにより、ヨーロッパが政治・軍事・経済・文化的に世界の中心となる動きが加速したことを挙げることができる。錬金術はすでに中世から蒸留という技術を利用して蒸留酒の生産に大きく貢献してきたが、この時代になると鉱業・醸造業・製薬業・窯業など、さまざまな分野において産業化を推進する基礎技術を提供することになった。

　政府が商品との交換を保証する貨幣は、現在でこそ膨大な紙幣が流通しているが、古代から貨幣といえば硬貨であった。一三世紀には地中海貿易を支配したイタリアを中心に国際経済が発達し、一二五二年にフィレンツェにおいて有名なフロリン金貨が鋳造された。金貨は、国際的な取引には有用であったが、流通量が限られていたために、その代用として銀貨が盛んに用いられるようになる。その銀も次第に産出量が減るに従って、銅やニッケルなどが使用され

**▲ゲオルギウス・アグリコラ**　アグリコラ（ゲオルク・バウアー）は、1556年にヨーロッパ最初の鉱山技術書『金属について』を刊行した。

**▲鉱山労働者の作業**　アグリコラの『金属について』は、鉱山に関する実践的な情報を数多くの木版画によって紹介し、その後100年以上にわたり鉱山技術の教科書として使用された。

るようになった。一五世紀以降ヨーロッパ経済の拡大とともに、金貨・銀貨の需要はますます拡大していくという情勢が見られ、一六世紀には新大陸からとくに銀が大量にもたらされ、経済的な要請として錬金術が脚光を浴びるようになったのである。イギリスの物理学者アイザック・ニュートンは、一六九六年に造幣局監事、三年後の九九年には造幣局長官となり、貨幣の改鋳を行って財政危機を回避するという業績をあげている。ニュートンには、錬金術の実験を通して金属に関する十分な知識と経験があったのである。

また火薬は、大砲などの火器から弾丸を発射するために必要な衝撃を生む爆発性物質であり、ヨーロッパが世界制覇を成し遂げるためのまさに秘薬となった。武器以外には、鉱物の採掘など地下資源の開発に利用されていた。鉱物の需要が高まり、地表に現われた鉱物を採取するだけでは足りなくなると、坑道を掘り地下へと採掘場所を広げていくのは当然の成り行きだった。当初はつるはしなどの手作業に頼っていたが、一三世紀になると黒色火薬による爆破という手段が用いられるようになる。黒色火薬は、硝酸カリウム、硫黄、木炭の混合物であり、爆発の威力があまり大きくないこともあって、鉱山の採掘には適していたのである。こうして、硝石や硝酸などの物質は、錬金術の理論において重要な意味づけがなされるようになる。

鉱業の発達は、とくにザクセンやボヘミアなど中央ヨーロッパにおいて見られた。ボヘミアは、神聖ローマ皇帝ルドルフ二世の治世において錬金術の最盛期を迎えた地である。ザクセン出身の冶金学者ゲオルギウス・アグリコラ（ゲオルク・バウアー）は、イタリアで医学を修めたのち、ヨーロッパ最初の地学書『金属について（鉱山技術誌）』（一五五六年、没後出版）を刊行した。この本には、鉱脈、鉱石、製錬・精錬、機器、試金、金属分離などに関する木版画が数多く掲載されており、その後一〇〇年以上にわたり冶金学・鉱山学の教科書として利用された。

## 活字と磁器

活版印刷の発明も錬金術と深い関わりがある。一四四五年頃にグーテンベルクによって活版印刷機が発明され、やがて『四二行聖書』の印刷など実用化に成功した。活版印刷の発達がルネサンスを用意したことはよく知られているが、一六世紀から一七世紀にかけての錬金術流行の背景には、美しい図版を掲載した錬金術書の普及があったことはいうまでもない。ここで注目したいのは、アンチモンという金属である。アンチモンには水銀と同じように合金となりやすい性質があり、活版印刷の活字には鉛とアンチモンの合金（鉛アンチモン）が使用されていた。アンチモン以外の金属は溶かしてから凝固させると収縮してしまうために、活字としては向いていなかったが、アンチモンは逆に膨張するために、活字として美しく印刷できたのである。グーテンベルクは金銀細工師として修業した人だが、錬金術にも通じていた可能性がある。

錬金術の全盛期と同じ時代に、日本や中国から輸入された繊細な白磁に魅了されていた王侯貴族は、自らもその製造法を手に入れようと試行錯誤を繰り返していた。ザクセン選帝侯アウグスト強王は、錬金術師ヨーハン・フリードリヒ・ベトガーをドレスデンに呼び出して、卑金属から金への変成を命じる。ベトガーは賢者の石を生成することはできなかったが、数学者のエーレンフリート・フォン・チルンハウス伯爵とともに、東洋のものに匹敵する白磁の製造に成功した。アウグストは、一七一〇年にドレスデンに王立ザクセン磁器工房を設立し、やがて近くのマイセンに工房を移すとともに大量に白磁を生産・輸出するようになり、賢者の石以上の収益をあげて国庫を潤すことになる。ヨーロッパ最初の磁器と

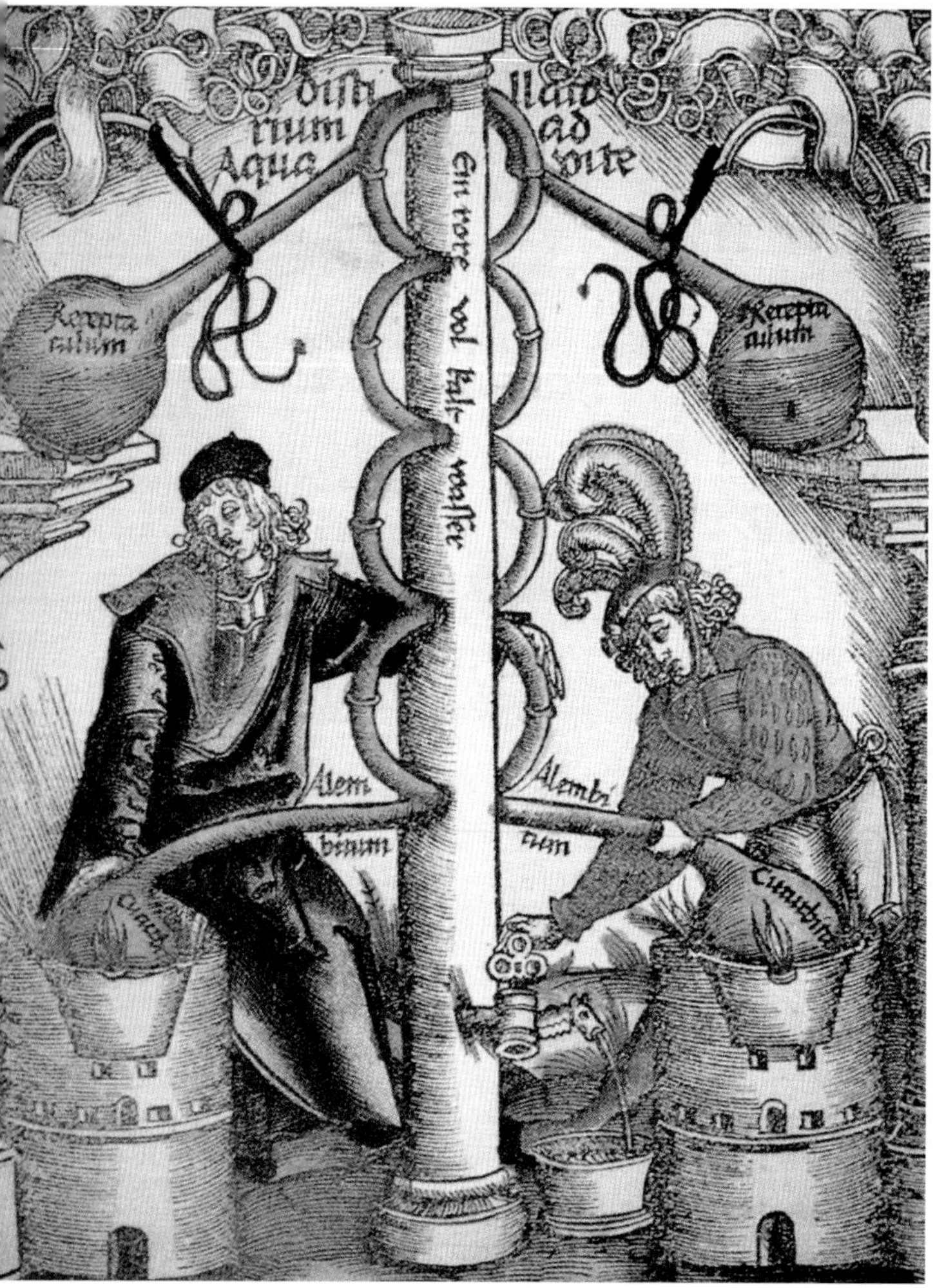

**▲リンの発見**　ハンブルクのガラス職人ヘニッヒ・ブラントは、1669年に人尿からリンを精製することに成功する。彼は、生成物が錬金術師の追い求める賢者の石であると信じていた。

**◀蒸留酒の生産**　ヒエロニムス・ブラウンシュヴァイク『蒸留技法の書』（1512年）。2人の錬金術師が中央の蒸留器を操作して、蒸留作業をしている。下部の2つの容器には葡萄酒が入っており、蒸気が中央の塔を上昇し、冷却されて上部の受け器に集められる。蒸留液は「生命の水」（aqua vitae）すなわちアルコール濃度の高い蒸留酒ブランデーであり、当初は霊薬として飲用された。

**▼リン製造工房の設立**　ブラントによるリンの発見を受けて、ロバート・ボイル（44～46ページ参照）は助手のアンブローズ・ハンクウィッツとともにロンドンのコヴェント・ガーデンにリン製造工房を設立し、大規模生産を開始する。錬金術は、詐術として消滅したのではなく、17世紀末から18世紀初頭にかけて化学工業へと変容していく。

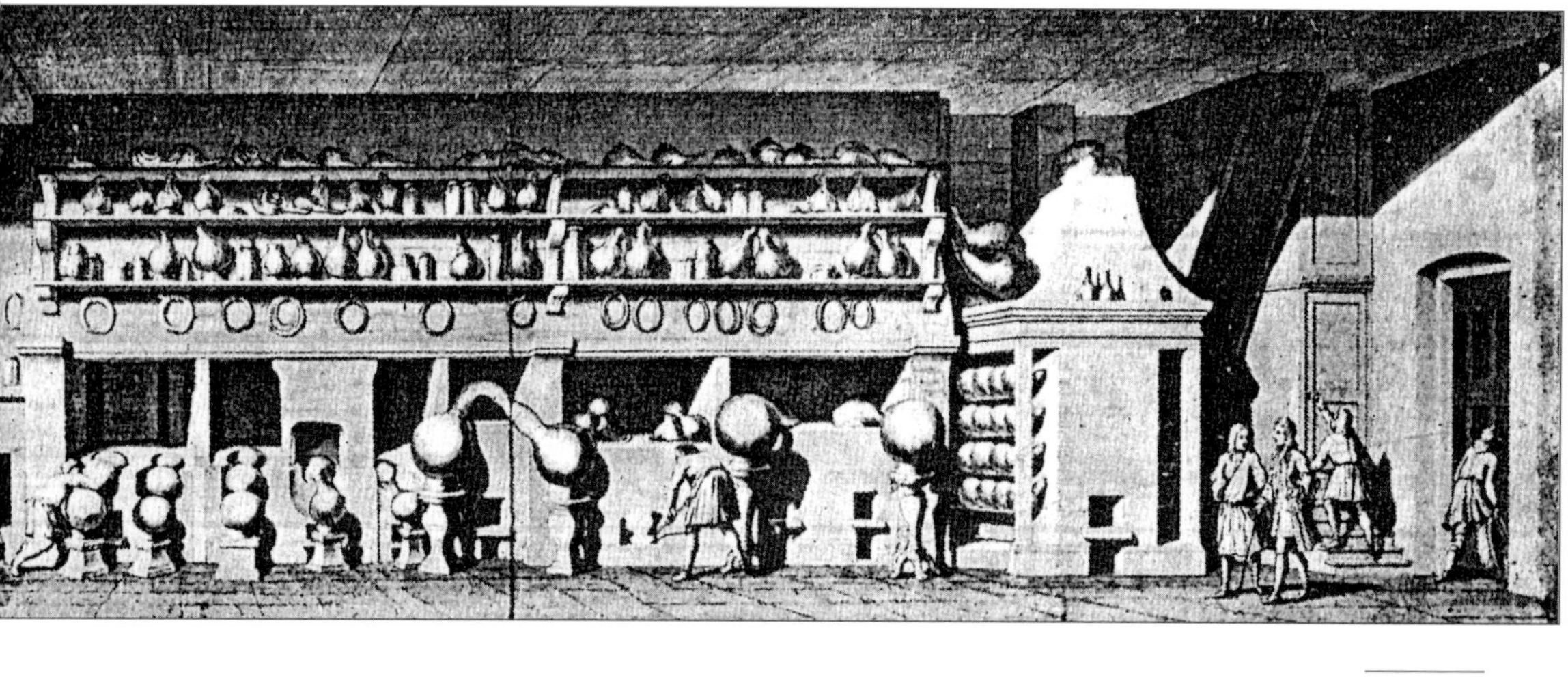

▲**18世紀の製薬工房**　18世紀の製薬工房を描いたものであり、錬金術の産業化という新しい方向が垣間見える。

▲**「ボイルの実験室」**　ボイル（44～46ページ参照）はストールブリッジの邸宅やロンドンのラネラ子爵夫人キャサリンの邸宅に錬金術の実験室を設置していた。「ボイルの実験室」が拡張されてコヴェント・ガーデンのリン製造工房となる。

してのマイセン磁器の影響を受けて、フランスではセーブル磁器、イギリスではチェルシー磁器が盛んに製造されるようになった。

## 2 錬金術の実験室

### 火の操作

錬金術の工程は「溶解して凝固せよ（solve et coagula）」あるいは「固定したものを揮発化し、揮発性のものを固定せよ」という言葉に要約されるように、物質を変化させることにより内部に隠された精気を抽出することが必要となる。物質を溶解したり揮発化するために欠かせない要因は火であり、錬金術は火を操作する技術ともいえる。錬金術の実験室の中心にある装置は、炉である。炉のない錬金術の実験室というものはないというほど重要な装置であり、用途に応じてさまざまな炉が開発されていた。ニュートンは、風炉、蒸留炉、反射炉、砂炉、湯浴（バルネウム・マリアエ）、湿浴（バルネウム・ロリス）あるいは蒸浴（バルネウム・ウァポロスム）、錬金炉（アタノール）など七種類の炉を自作の「化学用語集」に載せているが、このなかで錬金術を代表する炉は、アタノールである。

アタノールは、一定の温度で間接的に錬

▼**錬金術師の実験室**　1683年の実験室の図であり、1574年に制作された図版を基にしている。錬金術師の実験室にはさまざまな器具がおかれていた。①アタノールすなわち錬金炉 ②火ばし ③灰吹き炉床 ④深鍋 ⑤坩堝 ⑥～⑨各種の炉 ⑩乳鉢 ⑪梟の頭 ⑫レトルト

金容器を加熱することができるレンガ製の炉である。アタノールは、アラビア語のアル・タヌール（al-tannur〔意味は、かまど・炉〕）に由来する言葉であり、塔のような形をしていることが多い。下に燃料を燃やす部分があるが、その上に灰（熱灰）が敷きつめられており、熱が容器に直接あたらないように工夫されている。錬金作業では、急激な加熱というより、ゆっくりと一定の熱度で材料を温めていく。加熱の期間は、数時間から数日、場合によっては数週間にも及び、炉の管理のために実験助手を雇用する必要があった。

## 実験室の様子

初期の容器はテラコッタ製が多かったが、やがて内部の反応が見えるガラス製に代わる。錬金術が流行し始めた頃に、ガラスが実験器具として実験室に登場する。今でこそガラスは日常生活のいたるところで実用品として無造作に使用されているが、初期の頃はむしろ宝石や貴金属に類する扱いを受けていた。ガラス工芸は一一世紀のヴェネツィアで盛んになり、一三世紀にはすでにヴェネツィア・ガラスとしてブランド化していた。錬金術の盛んになる一六世紀後半にはカットグラスの技術がイタリアからボヘミアに入り、ルドルフ二世の時代にボヘミア・ガラス工芸が発達する。しかし、ガラス製の器具は熱や衝撃によって破損することも多く、そのため錬金術師はいっそう多額の費用を必要としたのである。

ガラス製の錬金容器として代表的な蒸留器は、蒸留瓶・蒸留器頭部・受け器の三つの部分から成る。蒸留瓶（フラスコ）は、西洋梨のような形をしており、このなかに蒸留する素材を入れる。蒸留器頭部はアラビア語でアランビック（al-anbiq）と呼ばれ、ギリシア語のアムビックス（ambix）に由来する。蒸気はここで受け止められ、冷却され液化して受け器に回る。ここが蒸留器のもっとも重要な部分であるために、蒸留器全体がアランビック（英語ではアレンビック）と呼ばれるようになった。蒸留器を指す日本語ランビキ（蘭引）は、江戸時代にポルトガル語から転じた言葉である。レトルトと呼ばれる容器は、上部が長く鳥のくちばしのようなかたちの受け器である。

**▲アタノール**　アタノールは、レンガ造りの炉であり、しばしば塔のかたちで描かれている。燃料は下のドアから供給され、上部では熱源とは離れるようにしておかれた容器が徐々に加熱される。錬金作業では、急激に加熱する直火ではなく、灰や砂を通して間接的にゆっくりと素材に熱を伝える必要がある。

**▼蒸留器**　ロバート・フラッド（39ページ参照）が小麦の実験で使用した蒸留器。蒸留瓶・蒸留器頭部・受け器の3つの部分から成る。蒸留瓶と受け器の中間にあるドーム形の蒸留器頭部はアランビックと呼ばれ、蒸留器全体を指す言葉となる。「アムビックス」（11：1、1963年〔「アムビックス」は1937年刊行の錬金術・初期化学史学会誌〕）。

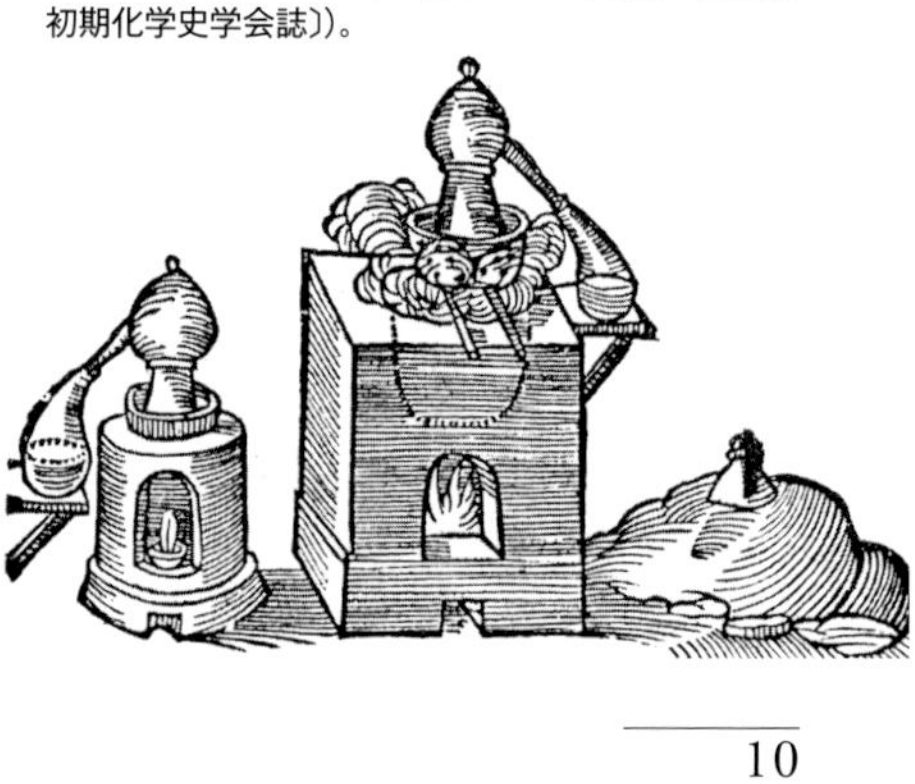

**▲天秤で計量する錬金術師**　トマス・ノートン（14ページ参照）『錬金術の規則書』（1477年）。錬金術師の前の作業台には、天秤のほかに金（円形の太陽）、銀（三日月）、灰吹き皿がおかれている。天秤は、物質の重量を正確に量るという意味において、錬金術の実験にさいして重要な役割を果たした。床では2人の助手が、錬金炉の前で蒸留作業を行っている。

**▲錬金術の実験中に爆発が起きる**　錬金術の実験では、さまざまな薬品が使用される過程において不意に爆発が起きることも稀ではなかった。貴重な器具が破損するだけでなく、ときには錬金術師自身も負傷することもあった。ヘンドリック・ヘールスコップ作、1687年。

**▲17世紀末の錬金術の実験室**　錬金術師たちの立ち振る舞いは、金変成と錬金霊液だけを求める錬金術師ではなく、新しく登場してくる化学工業を担う職人（あるいは学者）の雰囲気を漂わせている。クリストフ・ヴァイゲル作、1698年。

**◀16世紀の実験室**　蒸留を基本とする錬金術の実験室であり、さまざまな器具が並んでいる。右側の眼鏡をかけた人物が錬金術師であり、作業の指示を与えている。ストラダヌス作、1570年。

蒸留を繰り返して行う蒸留器は、ペリカンという名称をもっている。

　錬金術の実験室には、アラビア錬金術から継承されてきたさまざまな種類の器具・装置や薬品が備わっていた。E・J・ホームヤードは『錬金術の歴史』において、アッ・ラージー（二二ページ参照）の実験室には、硫化鉱物、孔雀石、瑠璃（青金石、ラピス・ラズリ）、石膏、赤鉄鉱、トルコ石、方鉛鉱、輝安鉱、明礬《みょうばん》、緑礬《りょくばん》、ナトロン（天然炭酸ソーダ）、ホウ砂、普通塩、石灰、ポタシ（炭酸カリ）、辰砂《しんしゃ》、鉛白《えんぱく》、光明丹《こうみょうたん》（四酸化三鉛）、酸化鉄、酸化銅、酢などが備わっていたとしている。ジョンソンの『錬金術師』には、亜砒石《あひせき》、硫酸、炭酸カリ、粗酒石《そしゅせき》、ソーダ灰、辰砂、腐食液、白鉄鉱、不純酸化亜鉛、マグネシア、王水（アクア・レギア）、アンチモンなどが登場しており、一七世紀初頭の実験室がどのような素材に囲まれていたかを示している。

　換気扇もない初期の錬金術の実験室では、有毒な排出ガスの問題があり、錬金術師と助手たちはつねに健康問題を抱えていた。チョーサーの『カンタベリー物語』では、錬金炉の火を吹いてばかりいる実験助手が、「あんたの顔色はおそろしく悪い」と皮肉られる。運が悪い場合には坩堝やガラス製容器が爆発して、大怪我を負うはめになった。

## 3 大いなる作業

### 一二の操作

一五世紀のイギリスで活躍した錬金術師・修道士ジョージ・リプリーには、錬金術詩『錬金術の構成』がある。リプリーはこれを一四七一年に執筆し、エドワード四世に献呈している（出版は一五九一年）。これはイギリスで出版されたもっとも初期の錬金術文献であり、賢者の石の生成過程が「叡知の城」に至るための一二の門（扉）として表現された。まず、錬金術の原素材（ヒキガエル、蛇、ドラゴン）からプリマ・マテリア（コラム1参照）への還元、次に「白い石」の段階を経て、「赤い石」による金変成の段階というように、工程は次のような一二の操作を順に進んでいく。

**煆焼《かしょう》**　金属を焙焼して金属灰（calx）にする操作であり、不純物を除去する。

**溶解**　金属を液状にする操作であり、濃密な状態が希釈化される。それまで金属の内部に隠されていたものが解放されて、液のなかに溶け出してくる。原初的なプリマ・マテリアの状態に重なる。

**分離**　四大元素の分離であり、分解した四大元素からその魂である精気（第五元素）が遊離してくる。この過程を進めるために必要なものは、金属の内部にある神秘的な火、すなわちドラゴンの火である。

**結合**　分離した対立要素が結びつけられる過程であり、「化学の結婚」と呼ばれる。女性と男性、水銀と硫黄の結合であり、この場面は両性具有の図版で描かれていることが多い。

**腐敗**　金属はこの段階で完全な死を迎えて、「カラスの嘴のように黒い粉末」となる。黒化の段階は、同時に再生への出発点である。結合の段階で蒔かれた種子は「懐胎」された状態となる。

**凝固**　浄化された金属は白くなり、「白い石」が得られる。白化の段階であり、これ以降は「赤い石」を生成する作業が続くが、詳細は不明である。

**滋養強化**　耳慣れない言葉（cibation）であるが、新しく生まれたものには養分を与えて大切に育てる必要があるように、滋養物を与えて金属を強化する過程である。

**昇華**　固体を液体のかたちを経ないで直接に気化させる。

**発酵**　酵母菌によりパンが発酵するように、

**▲錬金作業の諸段階**　ミヒェルシュパヒャー『カバラー』(1616年)。中央の階段状の台座には、煆焼・昇華・溶解・腐敗・蒸留・凝固・錬金染液などの錬金作業の段階が示されている。その上には、王と王妃が座る神殿があり、奥には錬金炉が見える。神殿の上では、太陽と月の結婚により不死鳥（賢者の水銀）が誕生する。山の上には、7つの金属を象徴する像が並び、中央に水星（メルクリウス）が位置する。

**▲錬金術の理論と実践**　シュテファン・ミヒェルシュパヒャー『カバラー』(1616年)。上部の左側には「プリマ・マテリア」と書かれた書物と容器、右側には「ウルティマ・マテリア（最終物質）」と書かれた書物と容器をもつ錬金術師がいる。中央では錬金術の紋章を鷲とライオンが守る。中間部の左右には、鉱山の採掘場面が描かれる。左側の円には2匹の蛇の巻きつくカドケウスがメルクリウスの記号として描かれる。その周囲の4つの小円には、乾・湿・冷・熱とある。右側の円には惑星記号を含む占星術的な図が描かれている。外側の円には四大元素、内側には哲学・天文学・錬金術・徳、さらに内側には硫黄・アンチモン・硫酸塩・蒼鉛とある。下部では蒸留と煆焼の場面が紹介されている。

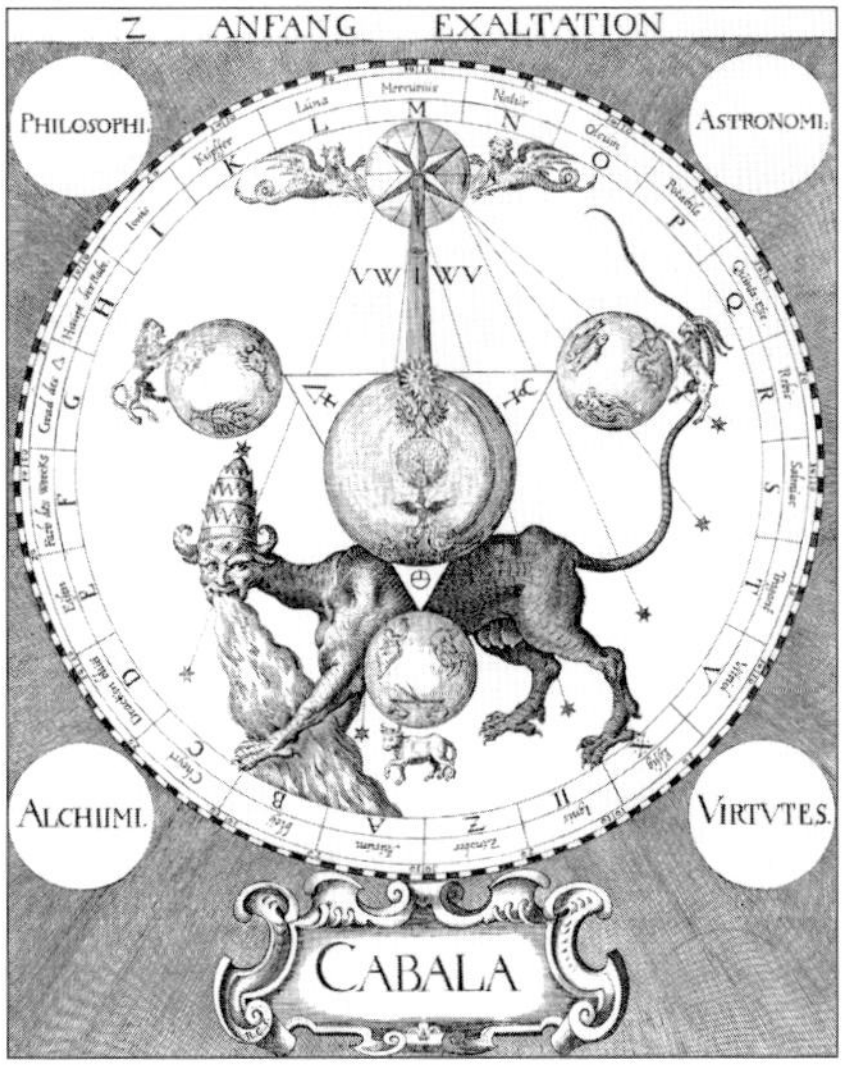


**◀作業物質と錬金作業の過程**　ミヒェルシュパヒャー『カバラー』(1616年)。外側の円には、さまざまな作業物質や工程の頭文字が書かれている。たとえば、Aは金、Bは鉛、Dはドラゴンの血、Eは鉄、Hはカラスの頭、Kは銅、Mは水銀、Qは第五元素、Rは両性具有者、Sは塩化アンモニウム（塩安）、Vは硫酸塩、Zは辰砂を指している。口から火を吐く人面獣は、牛の角、ライオンの胴体、鷲の鉤爪をもつ。その上に錬金容器があり、そこにカラス（黒化）、孔雀（虹色）、そして不死鳥への変化が示される。工程は太陽を経て、最終的に巨大な星すなわち賢者の石として完成する。容器を取り囲む三角形には水銀・硫黄・塩の記号がある。四隅には、哲学・天文学・錬金術・徳とある。

**高揚**　金属が時間をかけて発酵する。金属の性質が高められる。

**増殖**　質を高められた金属が増える。金変成が行われなくても、その量を増すことができれば同じ経済的な効果を生むために、重要な操作とみなされていた。

**投入**　「赤い石」を投げ入れて、短時間のうちに金変成を行う。

**▲実験と祈り**　テオフィルス・シュヴァイクハルト『薔薇十字団の叡知の鏡』（1618年）。3人の錬金術師がそれぞれの場所で錬金作業（「仕事」）に従事している。上では錬金術師が跪いて神に祈り、その下には「神とともに」とある。棚の上には『聖書』が開かれている。左下では池に入った人物が自然のなかで「労働」にいそしむ。右下では実験室のなかで錬金術師がフラスコを胸に抱えている。その横には、錬金炉と天秤がある。中央には、「叡知の乙女」が太陽と月から影響力を受けて、賢者の子を宿している。

リプリーの弟子トマス・ノートンは『錬金術の規則書』（一四七七年）において、錬金作業を長詩のかたちで表現している。錬金作業は、準備作業（「野卑な作業」）と本作業（「精妙な作業」）に分けられている。準備作業とは、マグネシアなどのような素材となる物質を洗浄し、加熱して溶解したうえで物質に含まれるエッセンスを抽出するまでの過程である。本作業では、準備作業で抽出した物質を組み合わせて賢者の石を生成するが、その過程において色彩の変化は重要な意味をもっている。この場合のマグネシアは特定の物質ではなく、「原初的な渾沌」の状態にある物質を指している。

## 黒化・白化・赤化

錬金作業を単純化すると、黒化・白化・赤化というように色の変化によって説明される。黒化（ニグレド）は、錬金作業の第一段階であり、不純な状態にある物質を解体してどろどろの悪臭を放つ液体にすることを指している。通常この作業によって物質は黒い液体になるために「黒化」と呼ばれる。この状態は物質の死であり、それと関連して、棺あるいは墓場のイメージが登場する。錬金作業としては、溶解と腐敗が相当する。象徴としては、黒い鳥（カラス）あるいは黒い人（エチオピア人）で表わされ、鳥や人間の首を切る行為として表現される場合もある。

白化（アルベド）は、錬金作業の第二段階であり、黒い液体が加熱あるいは洗浄によって白くなることを指している。白化の

▼右・**エチオピア人**　『太陽の輝き』より。黒い体（黒化）、白い手（白化）、赤いヘルメット（赤化）をつけたエチオピア人は、錬金作業の3段階を示している。彼が沼から上がる姿は、物質性が浄化されて次第に純粋になる過程と重なる。翼のある女性が赤いマントを抱えて彼を待ちうける。

▼左・**両性具有者**　『太陽の輝き』より。両性具有者は、白と赤の両方の翼をもち黒い衣服を着ており、黒化・白化・赤化の3段階を示している。左手に卵、右手に盾のようなものをもっている。

▲右・**黒い太陽**　サロモン・トリスモシンの『太陽の輝き』は、太陽の象徴する生命霊気を抽出する錬金術の奥義を表現している。荒廃した大地に姿を現わす黒い太陽は、錬金作業の黒化を示している。

▲中・**輝く太陽**　『太陽の輝き』より。輝く太陽は、自然を死から再生させる。

▲左・**王の再生**　『太陽の輝き』より。遠景では老いた王が溺れ、近景ではその息子である若き王が両手に王笏と金の林檎をもっている。若き王は、老王の再生した姿である。

段階において物質は純粋な状態になり、芳しい匂いを放つ。象徴としては、白い鳥(白鳥あるいは鳩)あるいは白い花(白薔薇)として表現される。白化の前後に、虹色の段階(孔雀)が加わる場合がある。

赤化(ルベド)は、錬金作業の第三段階であり、物質は最終的に完全な状態になる。象徴としては、不死鳥、赤い花(赤薔薇)、ルビー、太陽(ソル)、赤い王などとして表現される。

## 4『沈黙の書』

### 神的要素の蒸留

錬金作業は、作業物質が何であるとしても、その物質を純粋化することが基本となっている。物質が化学操作を通して純粋になり、そこから精妙な原理を抽出する過程が必要となる。それは日常見慣れている姿から変化して、物質が本来の姿になる過程であるともいえる。錬金術の実験には、物質は完成するはずである、少なくとも物質はより精妙な状態になるという信念と期待

## 『沈黙の書』

**▲第2プレート** 上部では、天使が太陽のもとで卵形のフラスコを支えている。そのなかには太陽神アポロンと月神ディアナを両側に従える海神ネプトゥヌスがいる。下部では錬金術師とその妻が錬金炉アタノールに向かって作業の成就を祈っている。

**▲第1プレート** 『沈黙の書』(1677年)は、文字どおりテクストのない錬金術書であり、賢者の石の生成の過程を15枚の図版で表現している。第1プレートでは、ヤコブが石を枕にして眠っており、梯子を昇る天使が彼に向かってラッパを吹く。『聖書』の「創世記」と「申命記」からの引用句には「天の露」への言及があり、露が賢者の石の生成のために不可欠であることを示している。

**▲第5プレート** 月の精気の分離。上部では、集めた露を錬金炉で蒸留する作業が行われ、中間部では錬金術師の妻が残留物質(月の精気を含む)を、子どもを抱いたクロノスに渡す。

**▲第4プレート** 錬金術師は、大地に広げた布が吸い取った「露」を搾りとっている。上部で三角形によって示されているのは、天空から降りてくる太陽と月の精気である。

**▲第8プレート**　フラスコのなかにメルクリウスが登場し、この段階から作業が新たな段階に入ることを示している。メルクリウスの両足は太陽と月の上にある。

**▲第7プレート**　月の精気から鉛が除去される。錬金術師の妻は、純化された月の精気をすくいとり、4つ星の記号のついた容器に入れる。

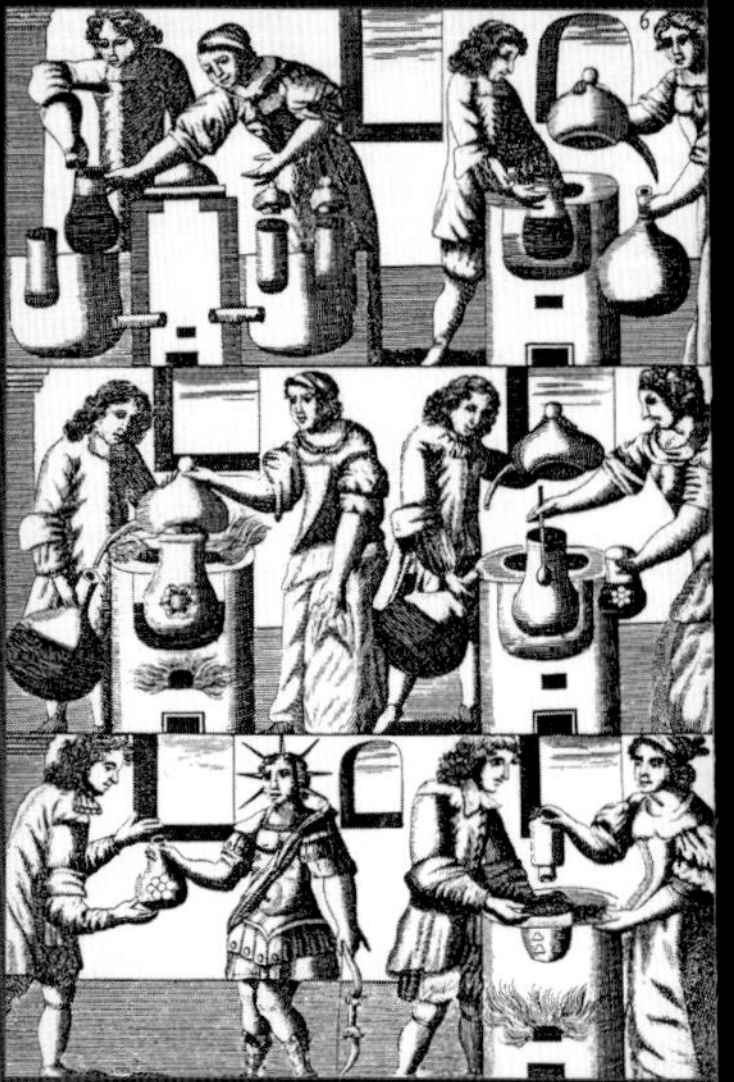

**▲第6プレート**　太陽の精気の分離。蒸留作業が行われ、残留物質（太陽の精気を含む）を太陽神に渡す。下部の右側では、精製された月の精気（鉛の要素が含まれる）を坩堝でさらに加熱する。

**▲第15プレート**　ヤコブは、天使から錬金作業の達成を祝福され、月桂冠を授けられる。彼の肉体は地上に横たわり、霊魂は天空にある。

**▲第14プレート**　4区画に分かれている。上部には3つの錬金炉、次にランプの芯を手入れする3人の人物、3段目では月の精気と太陽の精気を同量ずつ坩堝に入れて加熱する場面、最下段では指を口にあてる錬金術師とその妻が描かれている。中央のフラスコのなかには、水銀の錬金術記号（賢者の水銀）がある。

**▲第10プレート**　月の精気と太陽の精気を含む物質が計量され、等しい量が1つの容器に移される。容器を密封して、それを錬金炉でゆっくりと加熱していく。下部では、太陽と月の精気の結合の過程が、手をつなぐ太陽神と月神によって示される。

が関わっている。

錬金術の理論が「エメラルド板」（五〇ページ参照）に短く要約されているように、錬金術の実践的な側面は『沈黙の書』に凝縮されている。一六七七年にフランスにおいて出版された『沈黙の書』は、「アルトゥス」という著者の筆名が明記されているが、著者本人については不明である。文字どおりテクストのない錬金術書であり、物質を純粋化するという錬金術の工程が一五枚の図版で表現されている。

とくに重要な図版は、第四、第八、第一四プレートである。錬金作業の原物質は、天空から降りてくる露であり、太陽と月の精気の抽出を目標にしている（第四プレート）。第八プレートでは、卵形のフラスコのなかにメルクリウス、すなわち賢者の水銀が生まれている。第一四プレートでは、最下段の中央のフラスコのなかに、水銀の記号（「賢者の水銀」）が示されている。この工程によって錬金術師が手にする賢者の水銀は、物質の純粋な姿を象徴的に表現している。地上のすべての物質は、さまざまな不純物が混在して見分けがつかなくなっているが、神による創造物であるかぎりにおいて、その内部には神的な要素が隠れている。錬金作業とは、物質のなかに神的な要素が存在していることを前提にして、蒸留やその他の化学操作を通してそれを抽出しようとする試みなのである。

COLUMN 1

## 賢者の石

卑金属を金や銀などの貴金属に変成する能力をもつといわれる物質である。形状としては石あるいは粉末などが想定されており、「白い石」は銀への変成に、「赤い石」は金への変成に使用される。錬金術師が金属変成に成功したという伝説は数多く伝えられているが、意図的な詐術を除けば、合金やメッキによる表面上の変化にすぎず、実際に金属変成の事実が証明された例はない。また、賢者の石には医薬としての効能があり、服用するとすべての病気に効く普遍薬（万能薬）としての役割を果たすだけでなく、老人を青年のように変容させるなど若返りの効果もあるとされた。賢者の石のような物質が実際に存在しているという信念が、錬金術を成立させている。

## 錬金霊液（エリクシル）

賢者の石と同じように、金属変成や病気治癒を可能にする霊薬であり、赤い錬金霊液と白い錬金霊液がある。赤い錬金霊液は、卑金属を純粋な金に変え、病気を治癒させる能力を備えている。白い錬金霊液は、卑金属を銀に変えることができる。

## 錬金染液（ティンクトゥラ）

金属の色を変化させる能力をもつ霊薬である。表面的な色だけでなく、その内部の組成をも変化させるために、賢者の石や錬金霊液と同じような金属変成の役割を果たすと考えられる。

## 硫黄＝水銀理論

硫黄＝水銀理論とは、すべての金属は硫黄と水銀から構成されているという理論である。この場合の硫黄と水銀は、現在私たちが考えているような元素としての硫黄と水銀ではなく、金属を構成している原

## 錬金術の基本用語

理的要素としての〈硫黄〉と〈水銀〉である。水銀と硫黄の性質と役割については、水銀が受動的な原理として女性性（母胎）を表わすのに対して、硫黄は能動的な原理として男性性（種子）の役割を果たしていると一般的に考えられていた。金属の生成を男女両性の結合という比喩によって説明しようとするものである。やがて、水銀そのもののなかに硫黄と水銀の両者をあわせもつという特殊な水銀の概念が登場するが、その場合の水銀は、両性具有的な存在として賢者の水銀と呼ばれる。さらに、硫黄と水銀に加えて〈塩〉という原理的要素を加え、この三原理（原質）によって金属の生成を説明しようとする錬金術も登場した。

### プリマ・マテリア（第一質料）

アリストテレスの用語であり、形相も性質ももたない純粋な質料である。すべての物質に内在する根源的な原素材であり、物質が外面的にどのような変化をしても、つねにその内部にあってその存在を支えている。マテリア（物質、質料）は、語源的にマテル、すなわち「母」に由来しており、母胎のイメージを備えている。錬金作業では、物質をこの根源的で未分化の状態に戻したうえで、これを活性化するために、生ける生命原理が吹き込まれなければならない。この生命原理は、受動的な質料に対して能動的な形相に相当するものであり、錬金術では形相に代えて、「種子」の概念を使用する。

### 四大元素

古代ギリシアの哲学者エンペドクレス以来、長いあいだ万物の基本元素は、地・水・空気・火の四つであるとされ、四大元素と呼ばれてきた。アリストテレスは、熱・冷・湿・乾という四つの性質と四大元素を関係づけ、地は冷・乾、水は冷・湿、空気は熱・湿、火は熱・乾というように、その組み合わせによって形が決まるとした。この組み合わせを変化させることによって、ある元素は別の元素に変化させることができると考えられた。

### 第五元素

アリストテレスの導入した概念であり、地・水・空気・火という四大元素が主として月下界（地上）の物質を構成しているのに対して、天空界（恒星と惑星の世界）を構成する元素とされた。四大元素から成る地上の存在は時間とともに腐敗し変化するが、第五元素から成る天空界は不変であるとされた。錬金術の目的は、物質からこの第五元素を抽出することにあると考えられており、第五元素は賢者の石と同一視される場合もある。

### 生命霊気

宇宙に遍在する生命原理であり、神の息吹（プネウマ）として、人間だけでなく金属を活性化する原動力である。錬金術は、物質から化学的な操作によってこの生命霊気を抽出する技術といえる。その意味で生命霊気は、第五元素、賢者の水銀、賢者の石、エーテルなどと呼ばれるものときわめて近いものである。

### 黒化・白化・赤化

錬金作業はつねに火を使用して進められるが、その過程は三段階に分けられる。黒化は、素材となる物質を加熱し溶解することによって、完全に分解する過程、白化は、物質の変容がさらに進行して純粋になる過程である。最後の赤化は、錬金作業の最終段階であり、賢者の石が生成される。

### 赤い王

アラビア錬金術がヨーロッパに移植されてキリスト教化されるが、その過程において賢者の石は、人間の魂を救済し永遠の命を賦与することができるキリストに重ねられるようになる。キリストは、錬金術の象徴としては、赤化の最終段階において「赤い王」（赤い衣服を着た王）が出現することによって表現される。

# 第二章……錬金術の歴史

## I…アラビア錬金術の登場

### 錬金術の起源

錬金術の起源については、金属加工の技術を含めて考えると、エジプト、メソポタミア、ギリシアなどの冶金術にも波及していく。そのため文化人類学的な調査が必要になるが、その検証によっても錬金術の正確な起源を特定することはほとんど不可能である。一八二八年にエジプトで発見された資料として著名な「ライデン・パピルス」や「ストックホルム・パピルス」などのパピルス文書にしても、その内容は錬金術というより、金や銀に別の金属を加えて増量する方法や染色法などの技術について記述したものであった。

初期のヨーロッパ錬金術師については、ヘレニズム時代のユダヤ婦人マリアと四世紀に活躍したパノポリスのゾシモスという人物が著名である。マリアは料理の湯煎に使われる器具「バンマリ（bain-marie）」の名前に残っているほか、トリビコスという三本腕の蒸留器の発案者ともいわれる。ゾシモスは、二八巻から成る錬金術の『百科事典』を編集したとされ、密儀宗教の参入儀礼を想わせる「幻視」の記述でも知られた。しかし、ヘレニズム錬金術には、賢者の石や錬金霊液エリクシルなどに関心を寄せていたという痕跡はほとんどない。

**▲錬金術師の姿をしたアリストテレス**　アレクサンドロス大王の教師としても知られるギリシアを代表する哲学者。四大元素、プリマ・マテリア（第一質料）、第五元素などの概念は、アラビア世界において錬金術の理論として継承された。15世紀制作。

### アラビアでの発展

ヘレニズム錬金術はその後ほとんど発展することがなく、再び錬金術が歴史において姿を現わすのは八世紀のアラビアにおいてである。アッラーの啓示を受けた預言者ムハンマド（マホメット）は六二二年にメディナに移住し、この年がイスラム暦元年となる。六三〇年にはメッカ、次いで全アラビア半島を支配下におき、さらに最盛期にはシリア、ペルシア、中央アジア、エジプト、北アフリカ、スペインまでその支配は広がった。聖典『コーラン』のもとに結集した人々は、文化的にも東西のありとあらゆる文化・技術を集めて当時における最先端の文明を築きあげた。そのなかで最初に錬金術に関心を示した人物は、ダマスクスのハーリッド・イブン・ヤジードであり、アレクサンドリアのモリエヌスから奥義を伝授されたという。

　七八六年にアッバース朝カリフにハルーン・アッ・ラシードが就任し、バグダードを中心にしてイスラム文化の最盛期を迎える。この時代にアラビア錬金術の最高峰に位置づけられるのは、ジャービル・イブン・ハイヤーン（アラブのゲーベル）である。ジャービルは三〇〇〇もの論文を書いたといわれ、そのうちの二一五編が現存している。この膨大な著作（「ジャービル文書」）は実際には、ジャービルの名のもとに弟子たちが書いたものと思われる。ジャービル文書には、錬金霊液について言及した『一一二の書』、すべての金属は硫黄と水銀から成るという硫黄＝水銀理論を説いた『七〇の書』、『精留の書』、錬金術だけでなく医学・占星術・物理学においても均衡が重要であるとする『均衡の書』などがある。ギリシアの哲学者アリストテレスが『気象論』第三巻で提唱した金属生成の理論、すなわち湿った蒸気が金属を生み、乾いた蒸気が鉱物を生むという理論は、ジャービルによって硫黄＝水銀理論として展開される。硫黄と水銀は、「平衡」の状態において完全な

**▲ジャービル・イブン・ハイヤーン（アラブのゲーベル）**　ラーゼス、アヴィセンナとともにアラビア錬金術を代表する錬金術師。錬金霊液エリクシルや硫黄＝水銀理論など、のちのヨーロッパ錬金術の基本となる概念を導入した。15世紀制作。

調和を達成し、金属の場合は完全なる金となるという説である。人間に置き換えられると、精神のみならず身体の原初的な状態を回復するということになる。この調和をもたらす役割を果たすのが錬金霊液＝アル・イクシルであり、錬金術がヨーロッパに入るとラテン語化してエリクシルとなった。一二世紀のヨーロッパにおいてゲーベルという名前で刊行される錬金術文書があるが、これは「ラテンのゲーベル」として区別される。

九世紀から一〇世紀にかけて活躍したアッ・ラージー（ラテン名ラーゼス）は、医学・哲学・数学・論理学・文法・音楽そして錬金術などすべての領域に通じた科学者であり、アラビア科学の全盛期を代表する人物である。錬金術についてはジャービルの硫黄＝水銀理論を継承しており、第三の原質として塩を加えた。主著『秘密の書』において展開される錬金術は実践的な内容のものであり、多くの実験器具を考案すると同時に、蒸留・煆焼・溶解・蒸発・結晶化・昇華・アマルガム化・蠟化などの工程を明らかにしている。その意味において、アラビア錬金術は理論においてジャービル、実践においてアッ・ラージーが完成したと考えることができる。

▲議論する錬金術師たち　900年頃にギリシア語原本を基にして制作されたアラビア語版の『賢者の群れ』は、12世紀のヨーロッパにおいてラテン語に翻訳されて流布した。17世紀制作。

イブン・シーナー（ラテン名アヴィセンナ）は、医学・数学・神学・哲学・錬金術に通じた大学者であり、ハマダーンでは宰相の地位にも就いている。ヨーロッパではアヴィセンナとして知られ、その『医学典範』は長いあいだもっとも権威ある医学書として使用された。『治癒の書』（ラテン語訳は『鉱物について』）には錬金術に関する記述も見られ、ジャービルを継承する硫黄＝水銀理論とアリストテレスの理論の融合を目指している。ただし、金属の変成の可能性については最終的に否定しており、

## COLUMN 2　硫黄＝水銀理論と中国錬金術

　ヨーロッパの錬金術書には、ヘレニズム錬金術にはほとんど登場しない「硫黄」と「水銀」がなぜアラビア錬金術において現われるようになるのかということについての説明はないか、あっても少ない。硫黄と水銀を錬金術の根本物質として位置づけるようになったのは、辰砂という物質を使用する中国錬金術（煉丹術）の影響によるものと考えられる。古くから中国において使われてきた辰砂は、組成からして硫化水銀であり、文字どおり硫黄と水銀から成る。赤い粉末状の辰砂は加熱すると硫黄を分離して、そのあとには銀色（白色）の水銀が残る。この水銀をさらに熱すると酸化して酸化水銀（赤色）となり、さらに加熱すると元の水銀に還る。硫黄と水銀から硫化水銀を作り、それを加熱することによって「朱」という赤色顔料を生成することもできる。錬金術に関する「白化」と「赤化」、あるいは「白い石（粉末）」と「赤い石（粉末）」と呼ばれる賢者の石は、辰砂のこの赤から白、白から赤への色彩変化を基にしていると思われる。

　煉丹術において丹薬は不老長寿を約束するとされており、錬金霊液エリクシルの長寿という薬効ともつながる。丹薬は、仙丹すなわち神仙（仙人）の丹薬とも呼ばれるが、この名称がアラビア錬金術を経て、神仙は「賢者」に、丹は「石」となり、仙薬が「賢者の石」に変化したのである。アンリ・マスペロは、四世紀初頭の代表的な錬金術書である葛洪《かっこう》の『抱朴子《ほうぼくし》』を典拠にして、辰砂を加熱して水銀に変え、さらに水銀を辰砂に還す作業を九回繰り返すと、それを服用する者を三日で永生者にする丹が精製されると指摘している（『道教』）。

　煉丹術は、七世紀から八世紀にかけて最盛期を迎えた唐の時代に、シルクロードあるいは海路を経由してアラビアに伝わった可能性が大きい。魏伯陽《ぎはくよう》の『周易参同契《しゅうえきさんどうけい》』や葛洪の『抱朴子』の煉丹術と、アリストテレスのギリシア自然学が融合してアラビア錬金術が形成されたのであり、そのなかから硫黄＝水銀理論が登場したと考えられる。煉丹術は錬金術の実践的な側面を、ギリシア自然学は理論を提供したのである。

　S・マハディハッサンによると、アルキミアの「ケミア（chemia）」とは「金液（kimiya）」に由来するものであり、最初は錬金霊液（飲用金）を意味していたが、やがて錬金術を指すようになったという（『アムビックス』二三：三、一九七六年）。錬金霊液エリクシル（elixir, al-iksir）は、生命の原動力として宇宙全体に満ちている根源的な力、すなわち「キ（気、chhi）」に由来する言葉であり、錬金術は気の固定により不老不死あるいは若返りの霊薬を生成する技術と見られるようになる（同二四：三、一九七七年）。アルキミー（錬金術）の語源は、エジプトを指すケム（黒い土、khem）に由来するという説がもっとも一般的であるが、これは説得力を欠いている。アルという接頭辞が示しているように、またアルコールやアランビック（蒸留器）などの錬金術関連の用語からも理解されるように、錬金術はアラビア世界において初めて姿を現わすのであり、仮にギリシアやエジプトにも同じような技術があったとしても、両者は似て非なるものだからである。錬金術の基本理論である硫黄＝水銀理論は、源流が中国の煉丹術にあることを雄弁に語っているように思われる。

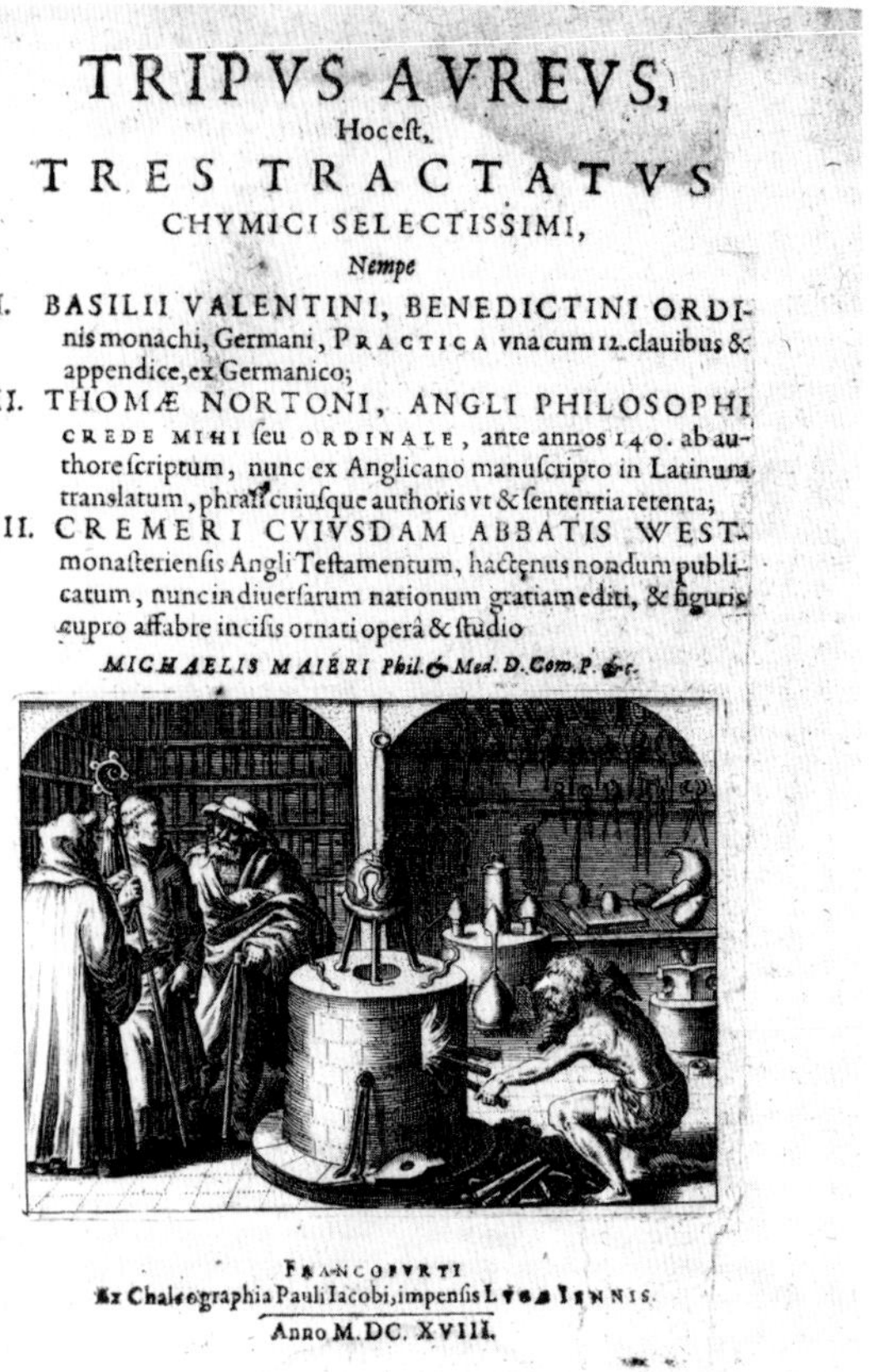

TRIPVS AVREVS,
Hoc est,
TRES TRACTATVS
CHYMICI SELECTISSIMI,
Nempe

I. BASILII VALENTINI, BENEDICTINI ORDInis monachi, Germani, PRACTICA vna cum 12. clauibus & appendice, ex Germanico;

II. THOMÆ NORTONI, ANGLI PHILOSOPHI CREDE MIHI seu ORDINALE, ante annos 140. ab authore scriptum, nunc ex Anglicano manuscripto in Latinum translatum, phrasi cuiusque authoris vt & sententia retenta;

III. CREMERI CVIVSDAM ABBATIS WESTmonasteriensis Angli Testamentum, hactenus nondum publicatum, nunc in diuersarum nationum gratiam editi, & figuris cupro affabre incisis ornati operâ & studio

MICHAELIS MAIERI Phil. & Med. D. Com. P. &c.

FRANCOFVRTI
Ex Chalcographia Pauli Iacobi, impensis LVCÆ IENNIS.
Anno M.DC.XVIII.

▲**3人の錬金術師**　ミヒャエル・マイアー『黄金の三脚台』（1618年）のタイトルページ。左側で談論する3人の錬金術師はバシリウス・ヴァレンティヌス（ベネディクト派修道士、『アンチモンの凱旋戦車』の著者とされる）、ジョン・クレーマー（ウェストミンスター修道院長）、トマス・ノートンである。右側には実際に錬金炉の作業に従事する職人が描かれている。

▲**4人の著名な錬金術師**　トマス・ノートンは『錬金術の規則書』（1477年）において、歴史上の代表的な錬金術師としてゲーベル、アルノー・ド・ヴィルヌーヴ、ラーゼス、ヘルメス・トリスメギストスの4人を選んでいる。15世紀制作。

錬金染液ティンクトゥラによる表面的な変化以上のことは期待できないとしていた。

## 2 中世修道院における実践

### 輸入された錬金術

一二世紀から一三世紀にかけてヨーロッパ世界は、アラビアにおいて開花した最先端の文明と接触して、その高度な文化に驚嘆する。アラビア錬金術輸入の契機となったのは一〇九六年に始まる十字軍、すなわちキリスト教徒による聖地イェルサレムの奪還と防衛の運動であった。錬金術は、アラビア科学のヨーロッパへの移植という文化伝播の一環として位置づけることができる。そのさいに障害となったのは、ヨーロッパ人にとっては難解なアラビア語という言語であったが、アラビア語からラテン語への翻訳は、両言語に通じていたユダヤ人を介して進められた。スペインのトレドやイタリアのシチリアなどを中心にして翻訳作業が行われ、ヨーロッパでは大翻訳時代を迎えることになる。口火を切ったのは、チェスターのロバートによる『錬金術の構成』（一一四四年）の翻訳で、そのなかでは、当時の「ラテン世界〔西洋〕」では誰一人として、錬金術が何か、どのような構成となっていることを知る人はいない」と述べられている。その後、錬金術は本格的にヨーロッパに紹介されるようになり、一二世紀には著名な『賢者の群れ』がアラビア語からラテン語に翻訳された。そして、遅くとも一三世紀初頭には、錬金術の理論を要約した「エメラルド板」（五〇ページ参照）もラテン語に翻訳されている。さらに一三世紀後半には、(ラテンの)ゲーベルによる『錬金術完成大全』の写本が中世の錬金術師が最初に参照すべき著作として流布した。

　六世紀にヌルシアのベネディクトゥスがモンテ・カッシーノ修道院を創設して以降その基礎が固まった修道院制度は、一二世紀になるとクレルヴォーのベルナール（ベルナルドゥス）などの指導によってヨーロッパ全土に広まる巨大な組織となった。一三世紀に入るとドミニコ会やフランシスコ会などの托鉢修道会が誕生し、異教徒折伏のために理論武装の必要も生じ、学問の研鑽が奨励されるようになる。この頃にはパリ大学などヨーロッパ各地に大学が創設されているが、それらの多くは修道院や司教座聖堂の付属教育施設として出発した。アラビアから導入された自然科学は、学問の王たる神学を支えるものとして研究され、錬金術もその一つとして修道院のなかで実践されていたのである。アルノー・ド・ヴィルヌーヴ、アルベルトゥス・マグヌス、トマス・アクィナスはドミニコ会で教育を受け、ロジャー・ベイコン、ラモン・ルル（ライムンドゥス・ルルス）はフランシスコ会で教育を受けている。

**▶アルベルトゥス・マグヌス**
「普遍博士」という異名のあるドミニコ会修道士であり、アリストテレス主義とアラビア科学を融合してキリスト教自然哲学を構築した。

**◀ロジャー・ベイコン**　マイアー『黄金の卓の象徴』（1617年）。「驚異博士」と呼ばれたフランシスコ会修道士であり、光学・天文学・物理学・神学・言語学に通じていた。実験と経験を重視する一方において、賢者の石や錬金霊液エリクシルの可能性を信じていた。

## 神学者の錬金術

　中世最大の哲学者アルベルトゥス・マグヌスは、シュヴァーベン地方の貴族の家に生まれ、パドヴァの大学で学んだのち、ドミニコ会修道士となる。その学識の広さから「普遍博士」という異名をとり、一二二八年からはフライブルク、ケルンなどの大学でアリストテレスに基づく哲学の講義をし、四五年のパリ滞在中から執筆活動を始めた。彼には『錬金術の小著』などの著作があり、硫黄＝水銀理論を中心にアラビア錬金術を紹介した。アリストテレスへの傾倒ぶりは亡くなるまで続き、独自の解釈と補足を加えることによって、アリストテレスの哲学の全体像をわかりやすく弟子たち（『神学大全』によりキリスト教的世界観を確立したトマス・アクィナスを含む）に伝えた。アルベルトゥス・マグヌスの歴史的な役割は、アリストテレス主義とアラビア科学を融合させてキリスト教自然哲学を構築したところにある。

　ロジャー・ベイコンは、オックスフォー

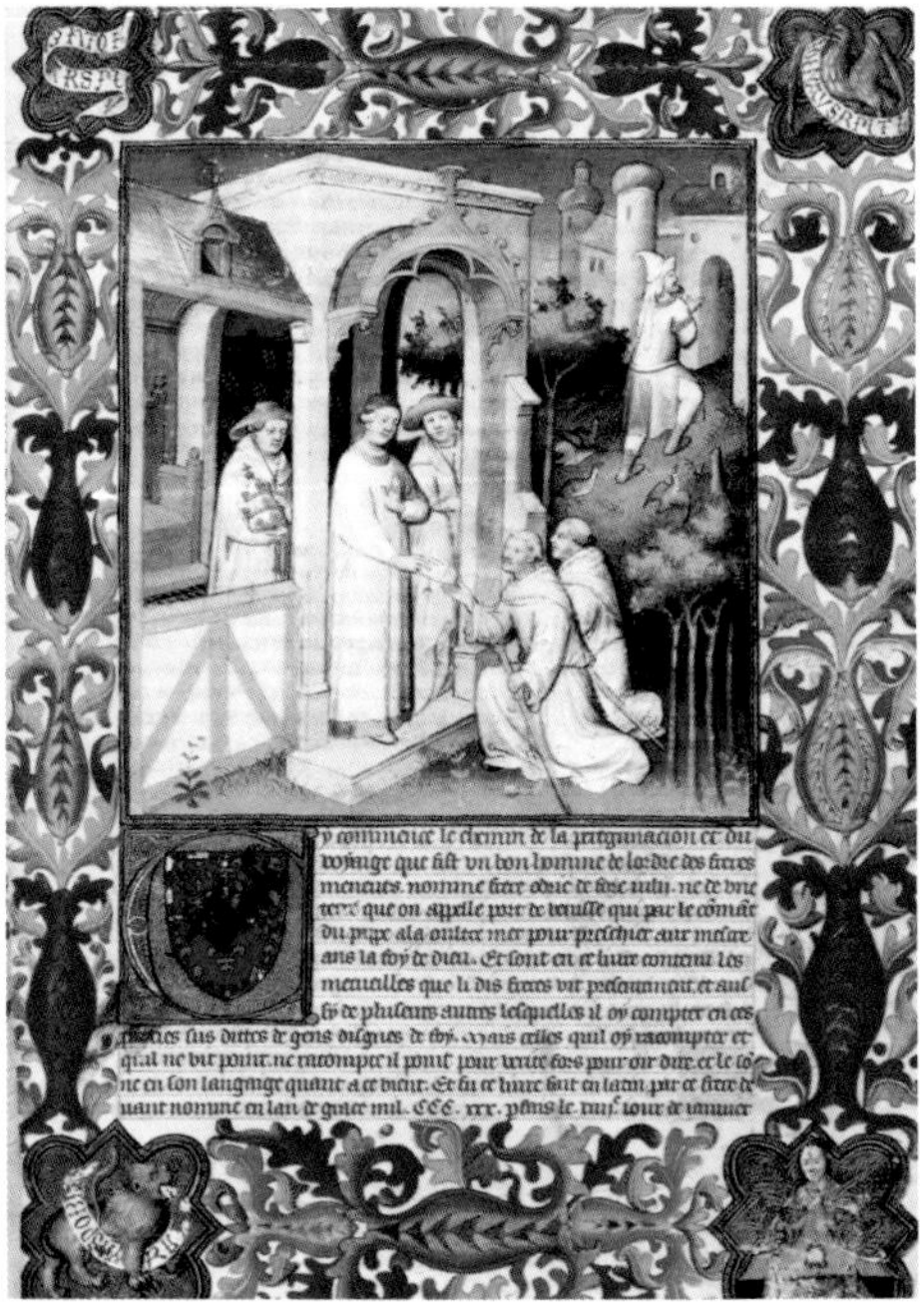

**▲アルノー・ド・ヴィルヌーヴ**　マイアー『黄金の卓の象徴』（1617年）。左側には、『賢者の薔薇園』を執筆したとされるアルノー・ド・ヴィルヌーヴ、右側では、王と王妃が結婚指輪を交換している。王と王妃の結婚は、対立物の一致を象徴する。

**▶教皇ヨハネス22世**　教皇ヨハネス22世は1317年に錬金術禁止令を出しているが、その内容は偽金製造の禁止である。教皇自身は、アルノー・ド・ヴィルヌーヴやラモン・ルルと同時代の人であり、自らアヴィニヨンに錬金術の実験室を設けていたともいわれる。本図は、教皇ヨハネス22世が2人のフランシスコ会修道士から挨拶を受ける場面である。15世紀制作。

ド大学で学んだのち、フランシスコ会修道士となる。パリ大学でアリストテレスを講じたこともある自然哲学者であり、その研究領域は光学・天文学・物理学・神学・言語学にわたり、「驚異博士」と呼ばれた。一二六五年から六八年にかけて『大著作』と『小著作』のほかに、錬金術が医学・薬学にとって必要なことを強調した『第三著作』を編纂している。ベイコンは、自ら編纂した偽アリストテレスの『秘中の秘』から影響を受けて、金属変成に必要な賢者の石や長寿の秘薬としての錬金霊液エリクシルの可能性を主張している。

　アルノー・ド・ヴィルヌーヴは、カタロニアに生まれ、ドミニコ会修道士となった。ヨーロッパを遍歴し、ヘブライ語のほかにアラビア語を学び、アヴィセンナや古代西洋医学の権威ガレノスの著作をラテン語に翻訳した。またナポリでギリシア医学とアラビア医学をともに修得し、アラゴン王、シチリア王、教皇ボニファティウス八世などの治療にあたるなど、医師としても活躍する。その治療法は、錬金霊液エリクシルを投与するほか、魔術的な要素を色濃くもっていた。たとえば鉱物薬などの使用という点において、パラケルスス（三〇～三一ページ参照）の先駆的な存在とみなされる。しかし、一二九二年には異端の疑いにより異端審問所に拘束されてしまう。写本として流布した『賢者の薔薇園』では、理論的な錬金術だけでなく、実践的な錬金術も同時に扱っていた。ここではアラビアの硫黄＝水銀理論が基本とされているが、硫黄は補助的な位置づけであり、純粋な硫黄は水銀の内部に含まれているとする水銀中心の理論が展開されている。

　アルノーの弟子ラモン・ルルは、マヨルカ島に生まれ、フランスで学んだのち、フランシスコ会修道士となる。アラビア語にも堪能であり、イスラム教徒のキリスト教への改宗に尽力したが、一三一五年にイスラム教徒から石を投げつけられて亡くなった。ルルには、ウェストミンスター修道院長ジョン・クレーマーに錬金術の奥義を伝えた話、ロンドン塔において王エドワード三世のために二二トンの卑金属を金に変成

COLUMN 3

# 伝説の錬金術師

ヨーロッパのもっとも有名な錬金術師の一人に、ニコラ・フラメルという人物がいる。彼の生涯を伝えるものには伝説と事実が入り混じっているために、正確にその人物像を描くことは容易ではない。フラメルは主著『象形寓意図の書』（二八ページ）の有名な図版で知られているが、この書が実際に日の目を見るのはピエール・アルノーによるフランス語版が出版された一六一二年のことである。『象形寓意図の書』は偽作という説があり、一八世紀にフラメル研究者たちが論争の的として以来、現在まで続いている問題であるが、原本とされるラテン語版は今なお存在が確認されておらず、アルノーによる創作という可能性が高い。しかし偽作であるかどうかはともかくとして、フラメルとその象形寓意図がヨーロッパ錬金術の一つのイメージを確立していることは確かである。

▲**ニコラ・フラメル**　ヨーロッパにおいてもっとも人々に知られた錬金術師。1382年に水銀を良質な金に変えることに成功したといわれる。本図は17世紀後半に制作された想像図。

一三三〇年に生まれたフラメルは、パリにおいて写字生としての修業を終えたのち、公証人として小さな店をもつようになる。一三五七年のある夜、フラメルは天使がユダヤ人アブラハムの手稿をまとめた書（『アブラハムの書』）をもって現われる夢を見る。しばらくすると、ある見知らぬ男が夢で見たような古い大型本をもってフラメルの店を訪れた。この書物を二フロリンの高値で購入したフラメルは、そこに記された内容が錬金術の奥義を示したものであると判断する。以来、二一年にも及んだ解読の努力も空しく、その作業は成果を生むことはなかった。そして、著者がユダヤ人であるとすれば内容解読にはユダヤ教神秘主義カバラーの秘鍵を知る必要があると考えたフラメルは、一三七九年にスペインの聖地サンティアゴ・デ・コンポステーラのユダヤ教会堂を目指して旅立つ。その帰路に、フラメルはユダヤ人改宗者のカンシュ師と知り合う。彼こそ「アブラハムの書」の寓意を解読することのできる人物であることを確信し、ともにパリに向かうことになった。しかし老齢の師は、パリに到着する前に病気で亡くなる。フラメルは旅の途中でカンシュ師から受けた寓意解釈を基にして、独力で金属変成の作業を続けた。

一三八二年一月一七日、フラメルはついに妻ペルネルとともに半ポンドほどの水銀を純粋な銀に変える実験に成功した。続いて四月二五日には、赤い石を用いて、水銀を「ふつうの金よりまちがいなく良質で、もっと柔らかく展性に富む」金に変える実験にも成功する。フラメルは、その後一四の施療院と三つの礼拝堂を建て、七つの教会に多額の寄進をしているが、その原資は錬金術によるものだという噂が流れた。ただしフラメルの生活そのものは、実験の成功後も変わることなく、質素なままであったといわれる。一三九七年にペルネルが亡くなると、フラメルは『象形寓意図の書』の執筆に専念するようになる。この著作は一四一三年に完成し、フラメルはその五年後の一四一八年に敬虔なキリスト教徒として亡くなった。

このフラメルの例でもわかるように、著名な錬金術師については、まずその人物が実在していたかどうかが確認できないことが多く、実在していたとしても、賢者の石を生成して金変成に成功したかどうかについては誰にもわからない仕組みになっているのである。それでもフラメルの伝説は生き続け、二〇世紀のモダニズム芸術の領域において、再び姿を現わす。アンドレ・ブルトンは「シュルレアリスム第二宣言」において、「シュルレアリスムの探求は、錬金術の探究するところと目的において著しく似通っている」として、フラメルと『象形寓意図の書』の図版を紹介するのである。

**◀メルクリウスと老人**　下図の①を基に描かれた図版。構図は若干異なるが、カドケウスをもつメルクリウス、手に大鎌をもち頭に砂時計をつけた老人という点では一致している。

**▼フラメルによる錬金術の寓意図**　フラメルがパリのイノサン墓地に描かせたという錬金術の寓意図。左上から順に、①カドケウスをもつメルクリウス、手に大鎌をもち頭に砂時計をつけた老人②北風に揺らぐ花、ドラゴン③薔薇、木の根元から湧き出す水④王による幼児虐殺⑤杖に絡む二匹の蛇⑥十字架の蛇⑦砂漠の蛇、と続く。中央には、跪いて祈る男女（フラメルと妻ペルネル）とキリスト、下部には、ドラゴン、復活する人間、有翼のライオンなどがいる。ブルトンは①と④について言及し、シュルレアリスムと錬金術との関係について論じている。

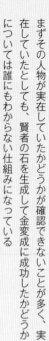

した話など、さまざまな伝説がある。ルルは、「生きている銀」すなわち水銀が万物の根源であり、天地創造の原物質であると考えていた。この水銀のもっとも精妙な部分が天使を形成し、精妙な部分からは恒星と惑星、粗雑な部分からは地上の物質が形成されるという説である。第五元素は恒星と惑星から成る天空界の元素であるが、その一部は地上の物質にも混入しており、この第五元素を抽出することが錬金術の目標とされた。またアラビア錬金術から継承された硫黄＝水銀理論は、この段階において水銀に統一されているが、この水銀はふつうの水銀とは異なり、内部に硫黄と水銀をあわせもつ特殊な水銀であった。ルルはまた、記憶術あるいは「組み合わせ術」の権威としても著名である。

アヴィニヨン捕囚時代の教皇ヨハネス二二世は、一三一七年に錬金術による偽金製造を禁止する教書を出している。禁止の対象となったのは、錬金術そのものではなく、錬金術による偽金の製造である。二六ページの図版は、二人のフランシスコ会修道士から挨拶を受ける場面である。教皇自身は、アルノー・ド・ヴィルヌーヴやラモン・ルルと同時代の人であり、自らアヴィニヨンに錬金術の実験室を設けていたともいわれる。

## 3 ルネサンス魔術とパラケルスス

### ヘルメス思想

錬金術はアラビアからヨーロッパに入ると、アラビア錬金術をそのまま継承する時代が長く続いた。やがて錬金術の理論を構築する過程において、アラビア錬金術を完全に消化してヨーロッパ的に変容させること、すなわちキリスト教化が進むことになる。アラビア錬金術を変容させる過程でヨーロッパ錬金術に付加された要素は、ヘルメス思想・ユダヤ教神秘主義カバラー・キリスト教神秘主義・魔術などであり、錬金術はルネサンス魔術の一部門として位置づけられた。

一四六〇年にヘルメス・トリスメギストスによって書かれたとされる「ヘルメス文書」のギリシア語版がフィレンツェにもたらされた。そのラテン語訳に着手したのは、フィレンツェのメディチ家に医師として仕えていたマルシリオ・フィチーノである。

**▶パラケルスス**　本名はテオフラストゥス・ボムバスト・フォン・ホーエンハイム。パラケルススという呼称は1529年から使い始めており、ローマ時代の医師ケルススを「超える」という意味がある。パラケルススは、ヘルメス派、医化学派、神智学派など16世紀以降のヨーロッパ錬金術の源流となる。

**◀45歳のパラケルスス**　生涯にわたり遍歴の旅を続けたパラケルススは、1541年に48歳で亡くなる。生前は、眠るときも着替えることはなく、つねに剣を握りしめていた。この剣の柄頭の内部には、秘薬アルカナが収められていたという。

彼はプラトンの全著作のラテン語訳という事業を中断して、『ヘルメス選集』の翻訳作業を先に進め、一四六三年に完成した。ヘルメス思想は、「神化、これこそが認識（グノーシス）を有する人々のための善き終極である」、あるいは「自己を神と等しくしないなら、神を知解することはできない」（『ヘルメス選集』）という表現から理解されるように、その最終目標を人間の神化においているという点に特徴がある。フィチーノ自身は錬金術を実践することはなかったが、人間には宇宙霊（第五元素・プネウマ）を操作する能力があるという彼の発想は、やがて錬金術における生命霊気の物質化という課題に変容していった。

**▲ヒポクラテスとガレノス**　前4世紀頃のギリシアにおいて活躍したヒポクラテスは、体液病理説（血液・粘液・黄胆汁・黒胆汁）に基づく医学を確立し、西洋医学の父と呼ばれる。後2世紀のローマにおいて活躍したガレノスは、解剖学と生理学を基本におく体液病理説を継承し、その後1500年にわたる西洋医学の権威となる。時代の異なる2人は、実際にはこのように同席することはなかった。パラケルススは、ガレノスの体液病理説が空理空論であると勇気をもって否定するとともに、自然を師匠として観察と経験を重視する新しい医療化学を導入した。

## パラケルススの登場

ルネサンス魔術の影響を受けて、ヨーロッパ錬金術に新たな局面を拓いたのはパラケルススである。パラケルススは本名をテオフラストゥス・ボムバスト・フォン・ホーエンハイムといい、一四九三年にスイスのチューリヒ近郊のアインジーデルンに生まれた。一五〇二年には医師をしていた父とともにフィラッハに移り、修道院において教育を受けた。一五〇七年から一二年までは消息が不明であるが、一二年にはイタリアのフェラーラ大学医学部を卒業したと思われる。その後はフランス、スペイン、イングランド、プロイセン、ポーランド、トルコ、エジプト、ギリシアなどヨーロッパ各地を遍歴し、その間の二〇年にはデンマーク・スウェーデン戦争にデンマーク軍医として参加している。一五二七年にバーゼルにおいて、当時ヨーロッパ随一の学者デシデリウス・エラスムスの友人であった出版者ヨハネス・フロベニウスを治療したことが縁となり、バーゼル市医となった。市医はバーゼル大学教授を兼ねることになっており、この時期が医師としてのパラケルススの生涯のもっとも輝かしい時期である。しかし、ラテン語だけではなくドイツ語でも講義をしたことに加えて、論争を好むという生来の性質がわざわいし

**▲植物から薬を抽出する**　パラケルススが登場して鉱物薬を使用するまで、ヨーロッパの薬の主原料は植物であった。上部と下部には黄道12宮が示されており、医薬と天体との関係を示している。中央奥に蒸留器が見える。

てバーゼルにもいられなくなり、再び放浪の旅に戻る。一五四一年にザルツブルクで四八歳の生涯を閉じた。

パラケルススの登場により、錬金術の目的は金変成から病気治療と医薬の製造へと大きく方向を変える。パラケルススは、一五二七年のある祝祭日にバーゼルの広場において、アヴィセンナの『医学典範』を焚火のなかに投じているが、これはそれまで一〇〇〇年以上も西洋医学を支配してきた古い権威との決別を象徴する事件であった。時代はまさに宗教改革の嵐が吹き荒れており、一五一七年にはマルティン・ルターが「九五カ条の論題」を発表してカトリック教会と教皇の権威を否定するという事件が起きていた。

「医学のルター」たるパラケルススが、ガレノスやアヴィセンナの体液病理説に代わって重視したのは、自然を真の師匠とみなし、化学的な医薬を重視する実践的な医学であり、それは病気の原因を特定したうえで、それぞれの病態に応じた医薬が与えられるべきであるというものだった。パラケルススは、医学だけでなく外科学・神学・自然哲学などに関する膨大な著作を残しており、とくに五つの病因（天体因、毒因、自然因、精神因、神因）を指摘した『ヴォルーメン・パラミールム』（一五二五年）、『パラグラーヌム』（一五三〇年・医学の四本柱として哲学・天文学・錬金術そして徳を挙げている）、『オプス・パラミールム』（一五三〇年・四巻から成る大著であり、物質は硫黄・水銀・塩から成るという有名な三原質論を説く）は三大著作と呼ばれている。

パラケルススという呼称にはローマ時代の医師ケルススを「超える」という意味があるように、三大著作のいずれにも「パラ」すなわち「超えて」という接頭辞がついている。医学の四本柱の一つである「徳」は、「倫理」よりもむしろ人間の内部に隠された「力」という意味で使用されており、「パラ」が多用されるところにも固定した因襲的観念を超えていこうとするパラケルススの強い意志が垣間見られる。錬金術に関係する著作としては、薬学研究の一環として第五元素、錬金霊液エリクシル、秘薬アルカナなどについて論じた『アルキドクシス』（一五二六年）、四大元素の精（水の精ニンフ、火の精サラマンデルなど）に関する『妖精の書』、錬金術による小型の人造人間についての『ホムンクルスの書』などがある。パラケルススは、生命現象の根底にある実体として、動植物や鉱物の種子に内在する生命霊気、すなわちアルカエウスを想定した。秘薬アルカナは、この生命霊気を化学的操作によって抽出してから固定したものである。こうしてパラケルスス以後の錬金術は、金変成の技術から、医学と一体化した医薬精製技術へと変容していくことになった。

また、梅毒の治療については『フランス病について』などを著しているが、一五世紀末から一六世紀にかけてヨーロッパで大流行した梅毒は現在のエイズの蔓延に近いものがあり、パラケルススは（当時の）現代病にも積極的に取り組んでいたといえる。

しかしパラケルススは生前においても、その挑戦的な姿勢から多くの敵対者をもっていたため、彼の著作は『大外科学』など数点を除くと一六世紀後半になるまでほとんど出版されることがなく、一五四一年に亡くなったのちもしばらくは評価されることはなかった。しかし一六世紀末を迎える頃にはヨーロッパ各地に信奉者が生まれ、いわゆる医化学（医療化学）派が形成される。医化学派にもさまざまな流派があったが、パラケルススがヨーロッパ錬金術の一つの結節点となったことは明らかであった。

## 4 錬金術都市プラハ

### ルドルフ二世の宮廷

一六世紀に神聖ローマ皇帝カール五世のもとでハプスブルク家は、太陽の没するこ

**▲ルドルフ2世**　ルドルフ2世の宮廷にはヨーロッパ各地から科学者、占星術師、錬金術師、魔術師、芸術家が集まる。そのなかにはジョン・ディー、エドワード・ケリー、ティコ・ブラーエ、ヨハネス・ケプラー、ジョルダーノ・ブルーノ、マルティン・ルーラント父子、ハインリヒ・クーンラート、ミヒャエル・マイアー、ミカエル・センディヴォギウスなどがいた。

とのない世界帝国を構築する。一五五六年にスペイン系とオーストリア系に分裂するが、フェリペ二世の治世下のスペインは、世界貿易を独占して繁栄をきわめる。新大陸からは金銀財宝とくに大量の銀が流れ込み、ヨーロッパの貨幣価値の下落と物価上昇という事態を引き起こすほどの影響を与えた。神聖ローマ帝国の帝冠はオーストリア系に継承されるが、政治的にも経済的にもマドリッド宮廷の後塵を拝していた。そうしたなか、ルドルフ二世が一五七五年に二四歳でボヘミア王となり、翌七六年に神聖ローマ帝国皇帝に即位する。ルドルフ二世は、一五八三年に帝都をウィーンからプラハへと移して、ヘルメス思想や魔術的な雰囲気に満ちた王宮で時を過ごすことになった。

　プラハはその地理的な位置からヨーロッパのさまざまな文化の入り混じることで知られていたが、芸術と科学をことのほか愛好したルドルフ二世の宮廷には、ジョン・ディー、エドワード・ケリー、ティコ・ブラーエ、ヨハネス・ケプラー、ジョルダーノ・ブルーノなどヨーロッパ各地から科学者、占星術師、錬金術師、魔術師、芸術家が集まり、あたかも縮小された大学のような雰囲気をもっていた。

　ルドルフ二世は、マルティン・ルーラント父子、ハインリヒ・クーンラート、ミヒャエル・マイアー、ミカエル・センディヴォギウス、ニコラ・バルノー、オスヴァルト・クロルなどヨーロッパを代表する錬金術師・医師を保護していただけでなく、自身も金変成の作業に加わった。そしてプラハはこの時代、ヨーロッパ最大の錬金術都市となる。ルドルフ二世は、錬金術だけでなく芸術・工芸を保護して不思議なものをできるかぎり収集し、王宮の一画に「驚異室」を設けてそれらを展示した。なかでもルドルフ二世は、宝石や貴金属の採掘と収集には特別に熱心であったために、錬金術師たちはボヘミアにおける鉱業や窯業の発達の基礎を築いたといえる。

　プラハ城の王宮からヴルタヴァ川に向かって、ルドルフ二世に仕えた錬金術師たちが住んだという小道があり、「黄金の小道」（別名、「錬金術師通り」）と呼ばれた（ちなみに「黄金の小道」には、後年二〇世紀にドイツ文学を代表する作家フランツ・カフカも一時期居住していたことがある）。比較的自由な雰囲気のプラハにはユダヤ人も多く居住し、ラビ・ユダ・レーフや王の宗教顧問ピストリウスなどを中心にしてカバラー研究が進められていた。今も旧市街に残るユダヤ教会堂を訪れると、カバラーの図版が薄暗い堂内の柱に掛けてあるのを見かけることがある。

## ジョン・ディー

　プラハを訪れた錬金術師としてもっとも異色の人物は、イギリスのジョン・ディーである。ディーは一五二七年に生まれ、四二年にケンブリッジ大学に入学する。一五四八年に文学修士となった彼は、たびたびオランダやフランスなど大陸に旅行し、航海術・地理学などの実用科学からヘルメス思想・パラケルスス・カバラーなどの神秘思想まで幅広く学んだ。その学問の中心にあったのは数学であり、一五七〇年には『ユークリッド幾何学原論』の英訳版に「数学的序文」を書いている。また、それより少

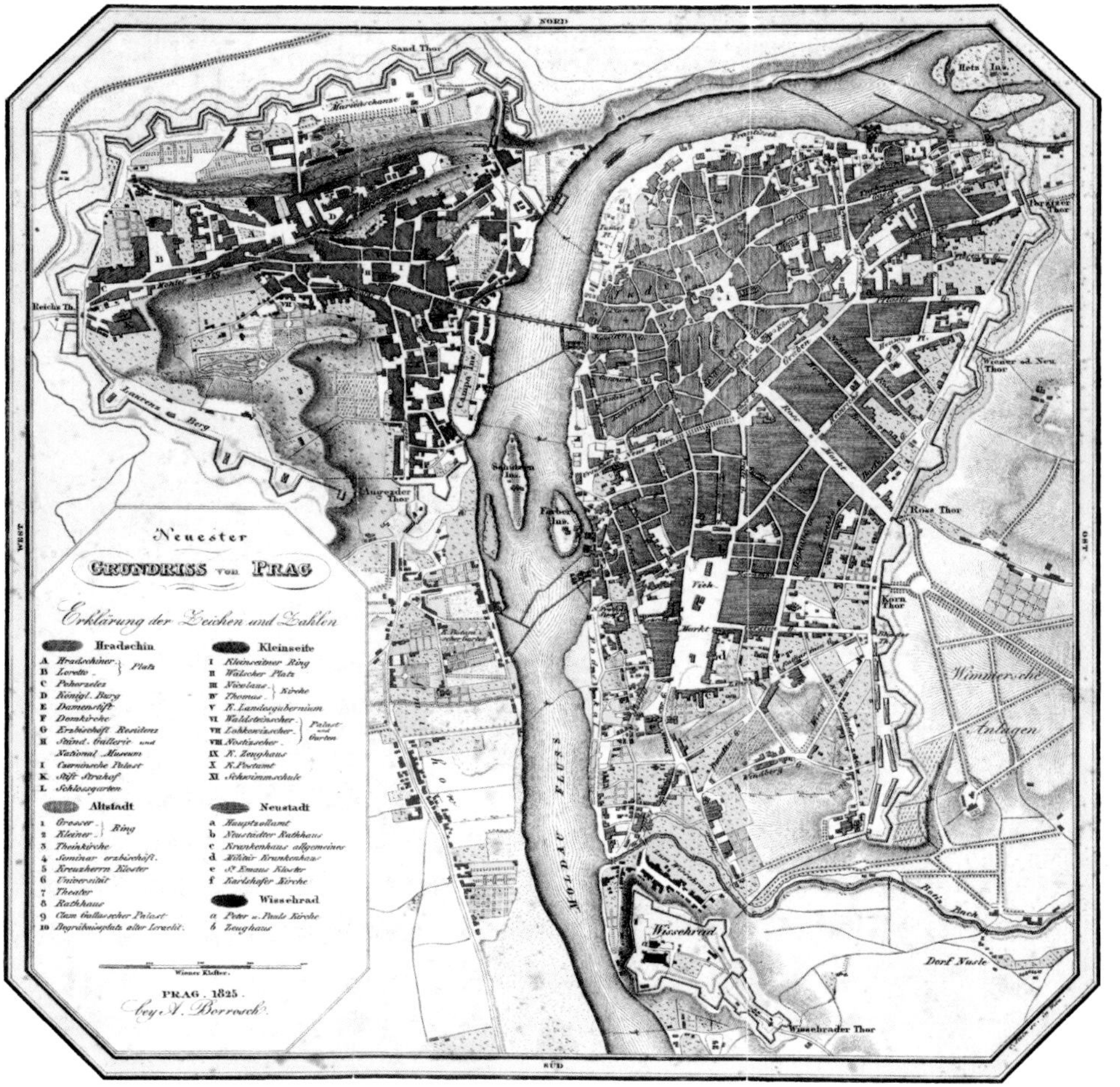


▲**プラハ**　プラハはルドルフ2世の治世にヨーロッパ最大の錬金術都市となる。プラハ城、王宮、聖ヴィート大聖堂、カレル橋、旧市街広場、ユダヤ人墓地、新市街などがはっきりと描かれている。19世紀制作。

▼**カレル橋からプラハ城を望む**

し前の一五六四年には、数学・魔術・カバラー・錬金術を総合する宇宙論を展開した『象形文字の単子』を出版し、マクシミリアン二世（ルドルフ二世の父）に献呈した。一五八二年には水晶占い師・錬金術師のエドワード・ケリーと会い、天使魔術を試みている。そして一五八三年にはケリーとともにポーランドに向かい、八四年九月にはヨーロッパ錬金術の中心地プラハに入る。ディーとケリーを迎えたのは、ルドルフ二世の侍医・錬金術師のタデアーシュ・ハーイエクであり、二人は旧市街にあった彼の家

▶**ジョン・ディー**　エリザベス朝最大の魔術師ジョン・ディーは、1584年にエドワード・ケリーとともにプラハを訪れる。

◀**ハインリヒ・クーンラート**　パラケルスス派の医師であり、ベーメとともにこの時代の神智学的錬金術を代表する人物。主著『永遠の知恵の円形劇場』は、錬金術とカバラーを融合する薔薇十字思想の代表的な書であるという評価がある一方において、アンドレーエとの激しい思想的な対立も取りざたされており、16世紀末から17世紀初頭のヨーロッパにおける複雑な宗教的状況が垣間見える。

▼**『永遠の知恵の円形劇場』（1602年）のタイトルページ**　上部に三位一体の栄光が三角形とヘブライ文字で示されている。その下にクーンラートの肖像、続いて「キリスト教的カバラー、神的魔術、物象化学、三位一体の普遍的要諦の永遠にして唯一の真実なる知恵の円形劇場」とある。下部の山はメルクリウスと名づけられ、山頂には水銀の錬金術記号がある。両側の2本の柱は、マグネシアと硫黄の記号を上部にもち、下部には「下のものは上のものに似ている」という「エメラルド板」の語句が刻まれている。

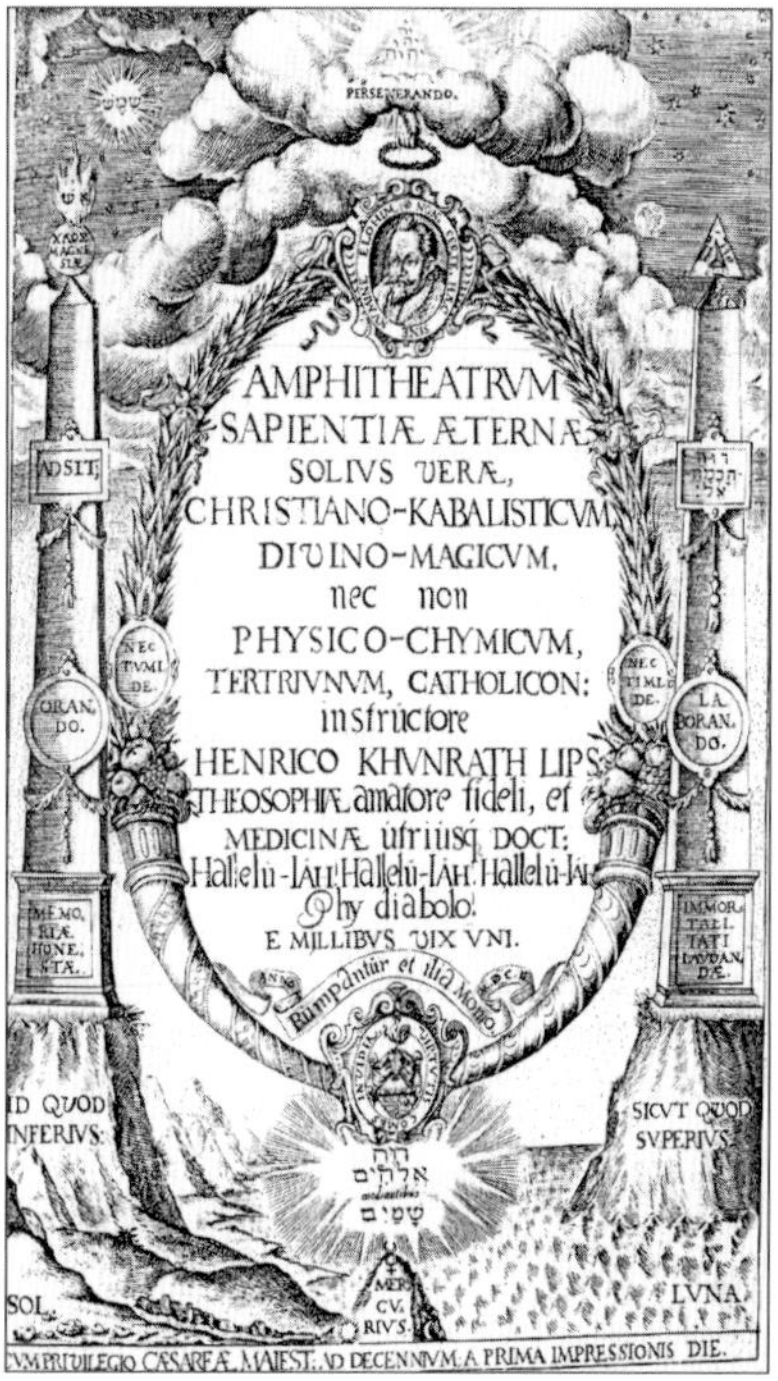


に滞在した。ディーは、ハーイェクの実験室において金変成の実験を行い、さらにルドルフ二世の前では降霊術を実演している。

この時代の降霊会は、一九世紀の心霊主義の場合とは異なり、ウリエルやガブリエルなどの天使とのコミュニケーションを図るダイモン魔術である。ディーの場合には、ケリーを霊媒として天使との交流を行っており、賢者の石に関する奥義も天使から伝えられたとしている。天使魔術は、フィチーノやアグリッパ・フォン・ネッテスハイムなどの実践したルネサンス魔術の一部門であり、天使を呼び出す技術と見られていた。しかし、天使魔術と黒魔術（サタンの招霊を行う妖術）との区別は俗人には困難であり、ケリーとディーは人々の心を惑わせる妖術師ではないかという噂が広まる。やがてカトリック教会から異端の嫌疑をかけられるようになり、一五八六年に二人はプラハを離れてボヘミアのトジェボンにあるロジェムベルク伯爵の領地に移る。ロジェムベルク伯爵は、ルドルフ二世に勝るとも劣らないほど錬金術やカバラーなどの学問に熱心であり、城内には専用の錬金術実験室が設置されていたほどである。ディーは、二年ほどトジェボンに滞在したのち、一五八九年にロンドンに向かって出立した。

ディーは帰国の途中、ブレーメンにおいて錬金術師ハインリヒ・クーンラートの訪問を受けたといわれる。クーンラートは、一五六〇年頃にライプツィヒで生まれ、バーゼルで医学を学んだのちにプラハに滞在する。一五九一年にロジェムベルク伯爵の侍医となり、九五年には主著『永遠の知恵の円形劇場』を刊行した。四枚のカラー円形図版から成るこの著作は、『旧約聖書』から三〇六の聖句と注釈を掲載しているほかに、キリストを賢

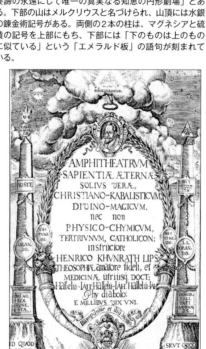

**▶ティコ・ブラーエ**　デンマークの天文学者ティコ・ブラーエは、望遠鏡ではなく肉眼によって星空を観測していたにもかかわらず、1572年にカシオペア座の超新星を発見した。新星の発見は、天空界は不変とするプトレマイオスの宇宙構造と矛盾しており、新しい世界観の登場を予感させた。1566年に決闘で鼻の一部を損傷し、銀製の偽鼻をつけていたが、本図では決闘前の姿で描かれている。ティコは錬金術にも精通していた。

**◀ヨハネス・ケプラー**　ヨハネス・ケプラーは1600年にティコ・ブラーエの助手となり、1601年にその後継者となる。ケプラーはティコの残した膨大な観測記録を分析する作業を進める過程において、惑星の運動を数学的な法則（ケプラーの法則）によって説明することに成功する。

者の石に重ねるなど（九〇ページ参照）、錬金術とカバラーに基づく神智学を展開している。著名な「錬金術師の実験室」（四二ページ参照）も初版からのものである。書名の「劇場」という用語には、観客（読者）が図版において開示される錬金術の舞台を観ることにより、その神智学的な舞台装置から観客（読者）も霊的照明を受けて精神的な変容を遂げるという意味が込められている。そのためにクーンラートの図版には構図上の工夫が見られ、他の図版に比べて必要以上に強弱をつけている印象がある。しかし、神自身が錬金術師である（！）、というクーンラートの強いメッセージは錬金術師のあいだに論争を巻き起こし、毀誉褒貶相半ばすることになる。一六〇二年に『永遠の知恵の円形劇場』改訂増補版が用意され、五枚の長方形モノクロ図版が追加された（そのなかには四三、五三ページの図版が含まれる。聖句も三〇六から三六五に増えている）。

　フランセス・イエイツによると、クーンラートは「ディーの影響を受けた哲学と薔薇十字宣言の哲学とをつなぐ橋わたしの役」を果たしており、「マクロコスモスとミクロコスモスへの執拗な力説や、魔術とカバラーと錬金術への強調」という点において薔薇十字宣言文書と共有する世界観を展開しているという。さらに「錬金術師の実験室」は「カバラーと錬金術と数学の結合」を要約しているディーの『象形文字の単子』を図解したものであるという。両性具有者の図版（五九ページを参照）では、黒い鳥の胸元にAZOTH（賢者の水銀）とあり、中央の文字Oを中心にして「象形文字の単子」が刻まれている。しかし、クーンラートが薔薇十字団の正統的な唱導者と認められていたかというと、必ずしもそうとはいえない面があった。薔薇十字宣言の作成に関わったヨーハン・ヴァレンティン・アンドレーエは、皮肉にもクーンラートの「熱狂」を厳しく批判して対立する立場にあり、当時のルター派をめぐる思想的対立の一端が垣間見える。

## 5 薔薇十字錬金術

### 薔薇十字団の結成

　錬金術の最盛期は一五七〇年から半世紀ほどの期間であり、ルドルフ二世の治世とほぼ重なる。ルドルフ二世がこの世を去る一六一二年の直後に、薔薇十字団という不思議な結社が姿を見せる。そしてドイツのカッセルで一六一四年に『友愛団の名声』、一六一五年に『友愛団の告白』という薔薇十字

# 王侯貴族に仕える錬金術師

Column 4

卑金属から金の変成に成功したというエピソードは、ニコラ・フラメルだけに留まらない。一六〇一年のある日、スコットランドのアレグザンダー・シートンは、難破した船からオランダ人の船員を助ける。翌年、この船員のオランダの家を訪ねたシートンは、錬金術の秘法を授かり、赤い粉末を使って鉛を金に変成する実験に成功、さらにスイスのバーゼルでも同じような実験を成功させた。その噂を聞きつけたザクセン選帝侯クリスチャン二世は、賢者の石の秘密を手に入れるためシートンを拘束して拷問にかけるが、当時クラクフにいた医師ミカエル・センディヴォギウスがザクセンに向かい、シートンを救い出すことに成功する。しかし、シートンは、解放してくれた恩人のセンディヴォギウスにも賢者の石の秘密を明かすことはないまま、拷問の後遺症により二年後に亡くなった。その後シートンの未亡人と結婚して、彼の錬金術器具や薬品も手に入れたセンディヴォギウスは、自分でも研究を続けて金変成に成功したという。

このエピソードは有名ではあるが、フラメルの話と同じように、後世の研究者による虚構（フィクション）である。シートンという人物についても、歴史的に実在した人物であるかどうかを含めて諸説あり、明確な事実とは認められていない。しかしすべてが虚像というわけではなく、センディヴォギウスについては一五九三年にプラハに到着し、ポーランド貴族ミコワイ・ヴォルスキーによって神聖ローマ皇帝ルドルフ二世の宮廷に紹介されたことがわかっている。プラハに定住していたわけではなかったが、その滞在中にミヒャエル・マイアーをはじめとして多くの錬金術師の注目を集めた。

図版は、センディヴォギウスがポーランド王ジグムント三世と神聖ローマ皇帝ルドルフ二世の前で金の変成に成功した場面である。ただし上図は一九世紀になって描かれたものであり、下図もそれを基にして制作されており、いずれも想像図であることに変わりはない。

**▲錬金術の実験をするセンディヴォギウス**　センディヴォギウスがポーランド王ジグムント三世の前で金の変成に成功する場面。1867年に制作された想像図。

**▲錬金術の実験をするセンディヴォギウス**　神聖ローマ皇帝ルドルフ二世の前で金変成に成功するセンディヴォギウス。上図は19世紀になって描かれ、本図もそれを基にして1885年に制作されており、いずれも想像図であることに変わりはない。

**▲ヨーハン・ヴァレンティン・アンドレーエ** 『友愛団の名声』（1614年）、『友愛団の告白』（1615年）に続いて1616年に第3の薔薇十字文書『クリスチャン・ローゼンクロイツの化学の結婚』が出版される。作者はおそらくチュービンゲンの学者集団であり、その中心にいたのがルター派の牧師アンドレーエである。

団の宣言文書、さらに一六年にシュトラスブルクで錬金術的な幻想小説『クリスチャン・ローゼンクロイツの化学の結婚』が出版された。作者はおそらくチュービンゲンの学者グループであり、その中心にはのちにルター派牧師となるヨーハン・ヴァレンティン・アンドレーエがいたと思われる。宣言文書は、クリスチャン・ローゼンクロイツという人物によって創設された薔薇十字団の存在を明らかにし、新時代の到来を告げた。

『友愛団の名声』は、薔薇十字団の創設までの由来を明らかにしている。開祖クリスチャン・ローゼンクロイツは、一三七八年にドイツ貴族の家に生まれ、幼くして修道院に入った。その後、聖地イェルサレム巡礼の旅に出た彼は、シリア（ダマスクス）、イエメン（ダムカル）、エジプト、モロッコ（フェス）、スペインを遍歴して、数学・医学・天文学・錬金術・魔術（カバラーを含む）などを修得してドイツに帰る。ローゼンクロイツはこれらの新しい学問がヨーロッパにおいて高く評価されると思っていたが、旧体制の学者たちからは冷遇された。このためローゼンクロイツは、かつて修道院で知り合った三人の同志とともに新しい結社の設立を決意する。さらに四人の同志が集められ、ここに薔薇十字団が発足した。本部の建物は「聖霊の家」と呼ばれ、無報酬で病人を治療するなどの使命を帯びた会員が、そこから全世界に派遣された。ローゼンクロイツは一四八四年に亡くなるが、一二〇年後の一六〇四年に偶然その霊廟が発見される。霊廟は七つの壁面をもつ地下室であり、そこには薔薇十字団の発見した学問的叡知が凝縮されていた。

　また『友愛団の告白』では、カトリック教会への攻撃をさらに強める一方において、天と地の両界宇宙、とくに人間の本性を解明することにより、霊的な夜明けが訪れると予言した。アダムが失った楽園は、薔薇十字思想の実践を通して人間と社会が抜本的に改革されることにより回復するというのである。『友愛団の告白』は、『聖書』とともに「大自然」というもう一冊の「書物」に刻み込まれた神の徴を読み取り、それを新たな言語（あるいは図像）によって表現することを求めた。
『友愛団の名声』と『友愛団の告白』はともに、賢者の石による金変成という錬金術を神をも怖れぬ「偽金づくり」として厳しく糾弾していた。薔薇十字団が求める真の錬金術の目標は、新しい医療化学により無報酬で病人を治療すること、人々を真理によって叡知の家へと導くこと、神と人間に関わる世界の全般的な改革を実現することにあるとされていたのである。

『クリスチャン・ローゼンクロイツの化学の結婚』は、王と王妃の結婚に招かれたローゼンクロイツを主人公とする錬金術的な幻想小説である。招待に応じたローゼンクロイツが体験する七日間の記録が『クリスチャン・ローゼンクロイツの化学の結婚』であり、婚礼客の精神的な高潔さを問うさまざまな試練を通過したローゼンクロイツは、最後に「黄金の石の騎士団」に加入する。フランセス・イエイツによると、試練を通過した客たちは「太陽の館」において七幕劇を観ることになるが（第四日）、この「太陽の館」はハイデルベルク城の庭園の建物がモデルとなっている（イエイツ『薔薇十字の覚醒』）。王と王妃の結婚とは死と復活による物質の変容を表現しており、第六日にはオリュンポスの塔において錬金作業が行われる（錬金作業については、八九ページ参照）。

薔薇十字団の宣言文書は、ヨーロッパの賢者たちに向けて新しい改革運動に参集するように呼びかけて終わっているが、この

▲**テオフィルス・シュヴァイクハルト**『薔薇十字団の叡知の鏡』（1618年）。薔薇十字団の伝説的な開祖クリスチャン・ローゼンクロイツは、シリアやエジプトなどを遍歴して最先端のアラビア科学を修得する。ドイツに帰ったのちに、修道院で知り合った3人の同志とともに薔薇十字団を創設する。本部の建物は「聖霊の家」と呼ばれ、そこから全世界に会員が派遣されるようになる。本図の窓には、錬金術の実験装置や研究にいそしむ学者の姿が見える。
▼**ハイデルベルク城とその庭園**　フランセス・イエイツは、『クリスチャン・ローゼンクロイツの化学の結婚』という幻想的な寓意物語の舞台となる不思議な城をプファルツ選帝侯フリードリヒ五世の居城、ハイデルベルク城と見ている。『クリスチャン・ローゼンクロイツの化学の結婚』では第4日に招待客たちが「太陽の館」で演じられる7幕劇を鑑賞することになっているが、イエイツによると「太陽の館」はハイデルベルク城庭園の建物である。右側のネッカー川にかかる「古い橋（カール・テオドール橋）」を渡りきったところに聖霊教会が見える。

呼びかけに実際に呼応した者のなかに、たとえばドイツのミヒャエル・マイアー、イギリスのロバート・フラッド、イライアス・アシュモール、トマス・ヴォーンなどがいる。

　ミヒャエル・マイアーは、パラケルススの衣鉢を継ぐドイツの錬金術師であり、薔薇十字宣言にいち早く呼応した。一五六八年にバルト海に面したキールに生まれ、八七年にロストック大学に入り哲学を学ぶ。一五九六年にはバーゼル大学から医学博士号を取得し、その後故郷に戻って開業しているうちに、医療化学が目覚ましい治療効果をあげることを知り、一六〇二年から〇七年にかけてキールに実験室を設置して錬金術の実験に熱中した。その結果、錬金霊薬の精製に成功したという。一六〇八年にルドルフ二世に招かれてプラハに行き、その侍医となるが、一二年にルドルフ二世が亡くなるとイギリスに向かい、ジェイムズ一世の侍医ウィリアム・パディの知友となった。一六一三年にはジェイムズ一世の王女エリザベスとプファルツ選帝侯フリードリヒの婚礼がハイデルベルク城で行われたことから、マイアーのロンドン訪問はカトリック教会に対立するドイツ・プロテスタントの勢力とイギリスとの同盟を模索するという外交的な使命を帯びていたのかもしれない。

**▲ミヒャエル・マイアー**　パラケルススの衣鉢を継ぐドイツの錬金術師であり、1608年にルドルフ2世に招かれてプラハに行き、その侍医となる。イギリスのロバート・フラッドとともに薔薇十字運動の実質的な推進者である。

　マイアーは、イギリスに四年間滞在したのち一六一六年にドイツに戻り、それから二年のあいだに『真面目な戯れ』（一六一六年）、『黄金の卓の象徴』（一六一七年）、『騒ぎの後の沈黙』（一六一七年）、『逃げるアタランテ』（一六一八年）、『黄金の三脚台』（一六一八年）、『黄金のテミス』（一六一八年）など、じつに一一冊もの錬金術書を出版している。晩年は錬金術に関心をもつヘッセン方伯モーリッツの侍医をしたのち、一六二二年にマクデブルクで亡くなった。

## イギリスの薔薇十字運動

　イギリスにおいて薔薇十字団の精神を受け継いだのは、ロバート・フラッドである。一五七四年にケントのベアステッドで生まれ、オックスフォード大学に入り九八年に修士号を取得する。その後、貴族の家庭教師をしながらフランス、スペイン、イタリア、ドイツを旅行し、パラケルスス派の医学を修得した。一六〇五年にはオックスフォード大学から医学士、そして医学博士の学位を取得するが、パラケルスス的な医化学を主張したために内科医師協会の承認がなかなか得られず、〇九年になってようやく会員となることができた。

　フラッドの処女作は一六一六年に出版された『簡単な弁明』であり、薔薇十字団を弁護する文書である。これを皮切りにして、フラッドは、『両宇宙誌＝大宇宙誌』（一六一七年、六六〜六九ページ参照）、『両宇宙誌＝小宇宙誌』（一六一九年）、『解剖学円形劇場』（一六二三年）、『至高善』（一六二九年）など次々に論考を出版し、ドイツのマイアーと並んで薔薇十字思想の代表的な弁明者となった。フラッドは、面識のあったウィリアム・パディを介して、イギリス滞在中のマイアーと直接交流があった可能性がある。

　フラッドは、ロンドンのコールマン通りで開業しているが、その自宅には医薬を自分で用意するという目的で錬金術の実験室が設置されていた。フランス人の実験助手も雇っており、『両宇宙誌＝大宇宙誌』など数多くの著書の印刷費に加えて、実験装置や人件費など相当な出費をまかなうだけの経済力があったと思われる。ちなみに、コールマン通りは、フリーメイソンとも縁の深いメイソンズ通りに接続しており、フラッドがイギリスにおけるフリーメイソンの創設者であるという説もある（ド・クインシー『薔薇十字団とフリーメイソンの起源に関する歴史的・批判的研究』一八二四年）。

　フラッドから四〇年ほど遅れて一六一七年にリッチフィールドに生まれたイライアス・アシュモールは、イギリスにおける薔薇十字運動の継承者となった。内戦には王党派に属して参戦し、一六四五年に議会派が実権を握るとともに、田舎に引きこもる。一六四六年一〇月一六日にランカシャーのウォリントンでフリーメイソンに加入し、五〇年にはジョン・ディーの長男アーサー・ディーの錬金術書をラテン語から英訳して出版している。この『化学の小論文集』の扉絵（四一ページ図版）に描かれた銅像の頭部は、アシュモール自身の肖像ではなく、彼のホロスコープになっている。図版の台座には、アシュモールの錬金術師としての名前「メルクリオフィルス・アングリクス」（「イギリスのメルクリウスを愛する者」）が書かれている。アシュモールは、一六五一年に錬金術師ウィリアム・バックハウスの「嫡子」（錬金術の継承者）となり、五三年には賢者の石の奥義について伝授されたという。ジョン・ウィルキンズやクリストファー・レンなどと直接の交流もあり、

**▲ロバート・フラッド**　ドイツのマイアーと同じようにパラケルスス派の医師であり、イギリスにおける薔薇十字運動の代表的な推進者となる。ケプラー、メルセンヌ、ガッサンディなど、当代の知識人たちとの論争でも知られている。

**▼イライアス・アシュモール**　1651年に錬金術師ウィリアム・バックハウスの「嫡子」（奥義の継承者）となり、本格的に錬金術の研究を始める。ロバート・マリーとともに記録上最初のフリーメイソンとしても知られているだけでなく、1660年の王立協会創設にも協力した。

**▲メルクリオフィルス・アングリクスすなわちアシュモール**　『化学の小論文集』（1650年）扉絵。銅像の頭部はアシュモール自身のホロスコープになっており、台座には「メルクリオフィルス・アングリクス」とある。左上にはメルクリウス（水銀）の錬金術記号があり、下にはトネリコ（ash）とモグラ（mole、合わせてアシュモールとなる）が描かれている。上部では、カドケウスをもつメルクリウスが、左右に太陽と月を従えている。天球儀、楽器、コンパス、直角定規が左側の柱にあり、剣、盾、太鼓など戦争の道具が右側の柱に見える。

アシュモールの人脈の広さを物語っている。主著『英国の化学の劇場』（一六五二年）は、トマス・ノートンやジョージ・リプリーなどイギリスの代表的な錬金術師の著作を収録しており、ニュートンが精読した書物として知られている。古代遺物研究家でもあり、その膨大なコレクションを基にして、オックスフォード大学にアシュモーリアン博物館が設置された。

一六二一年にウェールズで生まれたトマス・ヴォーンには、形而上詩人として著名な双子の兄ヘンリーがいる。兄弟はともにオックスフォード大学に入学したのち、ヘンリーは学位を得ることなく大学を去ったが、やがて医師として開業しながら詩人として活躍する。兄弟ともに熱烈な王党派であった。トマス・ヴォーンは大学を卒業してしばらく牧師をしていたが、王党派に属していたために牧師を解任される。一六五〇年頃にはロンドンのサミュエル・ハートリブなどの錬金術グループに加わり、錬金術文書の収集や実験を行っていた。その成果をまとめた『神魔術的人智学』（一六五〇年）や『光の中の光』（一六五一年）は薔薇十字思想を色濃く反映した錬金術文書であり、魔術の正統性を強調している。トマス・ヴォーンもまた錬金術師としての名前を使用しており、彼の場合は「エウゲニウス・フィラレテス」、すなわち「高貴な生まれにして、真理を愛する者」である。

ヴォーンは一六五一年に結婚しているが、新妻レベッカも錬金術研究に加わっている。一六五二年には薔薇十字団の宣言文書『友愛団の名声』と『友愛団の告白』の英訳活字本を出版した。一六六〇年の王政復古にさいして、解任されていた王党派の牧師たちは復職が認められたが、ヴォーンはそのまま錬金術研究を続ける道を選んだ。また、チャールズ二世の側近ロバート・マリーとも親交があり、ホワイトホールに設置されていた国王の実験室において、ともに実験をする機会があったかもしれない。マリーは、王立協会の創設に重要な役割を果たして（正式に許可を受けるまでの期間の）会長となっただけでなく、アシュモールと同じように最初期にフリーメイソンに加入した人物でもある。ヴォーンは、亡くなるときに蔵書と写本のすべてをマリーに遺贈するほど親密ではあったが、自らは王立協会の会員になることもフリーメイソンに参加することもなかった。

# 神に祈る錬金術師

Column 5

ハインリヒ・クーンラートの『永遠の知恵の円形劇場』は、神への祈りを捧げる修道士＝錬金術師の姿を表現しており、錬金術がキリスト教信仰と融合した時代の錬金術を反映している。この書に収められた図版「錬金術師の実験室」は、錬金術師のあり方を示したものとして広く流布した。左側では錬金術師が神に祈りを捧げ、右側には錬金炉や容器など実験室の実験器具が描かれている。同じく収められたもう一枚の図版では、左側に洞窟に閉じこもって静かに瞑想と祈りによる精神の浄化に努める錬金術師、右側に自らの足で歩いて永遠の知恵の円形劇場に至る錬金術師の姿が描かれている。

ニコラ・フラメルは公証人、ミカエル・センディヴォギウスは医師として生計を立てており、錬金術師という職業が存在していたわけではない。錬金術という特殊な研究の担い手には、クーンラートの図版でも明らかなように、修道院において祈りと労働に身を捧げる修道士が多かった。修道院は、キリスト教信仰に専念するために修道士が清貧で禁欲的な共同生活を送る場所である。世俗世界から隔絶した場所にあり、自給自足の生活を理想としていた。六世紀に確立したこの制度は、その後一〇〇〇年以上にわたりヨーロッパ文化史の展開に重要な役割を果たすことに

▲**錬金術師の実験室**　錬金術の文献においてもっとも頻繁に引用される図版。クーンラート『永遠の知恵の円形劇場』（1595年）の初版が刊行されたさいには、4点の円形カラー図版から成っていた。本図はその1枚であり、中央の図版の周りをテクストが取り囲んでいる。

**▲永遠の知恵を探求する錬金術師**　クーンラート『永遠の知恵の円形劇場』（1602年）。左側には、洞窟に閉じこもって瞑想と祈りによる精神の浄化に努める錬金術師、右側には、自然に働きかけ自らの足で歩いて永遠の知恵の円形劇場（右上）に至る錬金術師の姿が描かれている。いずれも修道士の姿で登場している。

**▶錬金術師の実験室**　クーンラート『永遠の知恵の円形劇場』（1595年）。錬金術師の実験室（laboratorium）は「労働する場所」という意味であるが、「祈り」の意味（祈禱室）も含まれていると解釈される。右側には錬金炉や蒸留器などの実践的な装置があり、左側では幕屋の下で錬金術師＝修道士が祈りを捧げている。手前の机には4種類の弦楽器がおかれており、錬金術と音楽の関係を示している。

なる。修道院には聖堂や回廊のほかに図書室が設けられており、修道士たちの書き写す貴重な写本を保管していた。ミサに欠かせない葡萄酒とパンの製造も修道院の内部で行われており、醸造酒の技術からさらに蒸留酒の「薬酒」も生産するようになる。修道院は病気の治療も重要な役割としており、医学・薬学に通じる修道士も輩出するようになる。この流れのなかで錬金術は、新しい自然哲学の一つとして修道院において進められるようになり、当然の帰結として錬金術はキリスト教信仰の枠組みに収まるように読み替えられることになった。

# 6 化学派の錬金術

## 錬金術から化学へ

一七世紀のイギリスでは、ヘルメス思想に重点をおくフラッド、アシュモール、ヴォーンの薔薇十字錬金術に対して、実践的な操作をより重視する化学派の錬金術が生まれた。後者の流れを代表するものがサミュエル・ハートリブを中心とするグループであり、知識の公開を標榜して明晰かつ合理的な学問として錬金術を位置づけている。グループのなかにはロバート・チャイルド、ケネルム・ディグビー、フレデリック・クローディアス、ジョージ・スターキー、ロバート・ボイルなどがいた。すべての知識は一つの基本的原理に還元されるとして万有知を唱えたボヘミア出身の汎知学者コメニウスがイギリスを訪問したさいに歓待したのも、このハートリブ・グループである。

錬金術の理論と実践においてハートリブ・グループが指導者として私淑していたのが、ベルギーの錬金術師ヨハネス・バプティスタ・ファン・ヘルモントであった。ファン・ヘルモントは、一五七九年にブリュッセルで生まれ、古い錬金術から新しい錬金術（化学）に切り替わる時代に生きた人物の一人である。裕福な家庭の出身であったファン・ヘルモントは、当時の最高水準の教育を受けたのち、一五九九年に医学博士となった。その後六年にわたってフランス、イギリス、スイス、イタリアなどヨーロッパ各地を、真の知識を求めて遍歴する。ファン・ヘルモントは青年期において、その医学的な立場としてはパラケルススに従っており、一六二一年に『傷を治癒する磁気について』を出版した。武器によって受けた傷は、傷そのものより武器に薬を塗ることにより治療ができるとする治療、いわゆる武器軟膏による治療について書かれている。ファン・ヘルモントはこの磁気治療が魔術であるとは認めなかったが、異端審問所に告発されて一時逮捕されてしまう。晩年になると次第にパラケルススとは離れていき、観察と実験に基づく事実に立脚する独自の医学を目指すようになっていった。

ファン・ヘルモントの化学上の業績とし

Dis ist der Helle Mond zur Lehre von Arzneyen;
zu langer Lebens-Frist; von Kranckheit zu befreyen.
Er öfnet die Natur biß auf den tieffsten Grund
Komm höre was Er sagt der Warheit-Helle Mund.

**▲ヨハネス・バプティスタ・ファン・ヘルモント** パラケルスス派の医師ヨハネス・バプティスタ・ファン・ヘルモントは、スターキーやボイルに強い影響を与え、錬金術から近代化学への変容に寄与した。

**▼ファン・ヘルモント父子** ヨハネス・バプティスタ・ファン・ヘルモント（前）の息子フランキスクス・メルクリウス・ファン・ヘルモント（後）は、ケンブリッジ・プラトニストのヘンリー・モアを通してコンウェイ子爵夫人アンの侍医となり、イギリスの錬金術師たちとの交流を深めた。

Joannes Baptista van Helmont
Franciscus Mercurius van Helmont

て有名なのは、「ガス」という概念を導入したことである。ギリシア語の「カオス（渾沌）」がガスの語源であることからも理解されるように、それには単なる気体というだけでなく、物質性と霊性が入り混じる錬金術的な意味合いが込められていた。ファン・ヘルモントは、一六四四年に息子フランキスクス・メルクリウスに自らの著述をまとめて出版するよう遺言を残して亡くなる（息子には「メルクリウス（！）」という洗礼名が与えられている）が、四八年に出版された『医学の起源』は、ヨーロッパの各国語に翻訳されて医化学の基本文献となる。

## スターキーとボイル

ハートリブ・グループの一人、ジョージ・スターキーは、スコットランド人牧師の子として一六二八年にイギリス領バーミューダ島で生まれた。一六四三年に創立して間もないハーヴァード大学に入り、四六年に学士号、四九年に修士号を取得するのだが、在学中から錬金術に熱中し、いわゆる賢者の石を求めて実験を行うようになる。この頃、同じように錬金術に関心を寄せており、錬金術コレクションでも有名なジョン・ウィンスロップ・ジュニアと親友になり、その影響から錬金術にのめりこむようになった。スターキーは医学を学んでいたため、医化学派とくにファン・ヘルモントの著作に関心を寄せた。

新大陸においては錬金術の実験を続けることが難しいと判断したスターキーは、一六五〇年にロンドンに渡り、ハートリブ・グループに加わる。ここでスターキーは、医師としてロバート・ボイルの病気治療にあたっただけでなく、ファン・ヘルモント流の錬金術をボイルに教えることになる。

一六五一年頃からスターキーは、ニューイングランド出身の謎の錬金術師エイレナエウス・フィラレテス（「穏やかな心をもち、真理を愛する者」）について語り始めるが、これは実際にはスターキー自身の錬金術師としての筆名であった。スターキーは錬金術の実験に多大な投資をしたために借金苦に陥り、一時投獄されたこともあったが、ボイルの援助によって釈放された。一六六五年にイギリスがペストに襲われると、王立医師協会の医師たちがロンドンを逃げ出したにもかかわらず、彼は留まって治療に専念したが、そのために自ら罹患して命を落とすことになる。

スターキーから錬金術の指導を受けたボイルは、一六二七年にイギリスでも有数の富裕な貴族の家に生まれた。イギリス貴族の子弟は、教育の最後の仕上げのために家庭教師とともにヨーロッパを巡るのが慣例となっていたが、ボイルは一六三八年に兄とともに、このグランド・ツアーに出る。ボイルは、フランス、スイス、イタリアなどを回ったのち、一六四四年に帰国し、父から相続したドーセット州ストールブリッジの領地に居を構えた。一六五五年にオックスフォードに移り、ウォダム・カレッジの学寮長ジョン・ウィルキンズを中心とす

**▲ロバート・ボイル**　「ボイルの法則」で知られている化学者・物理学者。『懐疑的な化学者』（1661年）の出版により、従来のアリストテレスやパラケルススに基づく錬金術理論を一掃する。一方において、ボイルは終生にわたり金属変成の可能性を信じていた。

**▲ラネラ子爵夫人キャサリン**　ボイルの12歳年上の姉キャサリンには、ハートリブ、ミルトン、オルデンバーグなどの知識人たちとの交流があった。ロンドンの邸宅には錬金術の実験室が設置されており、ボイル自らもそこで実験を行っていた。

る科学者たちと親交を結ぶが、そのなかにジョン・ロック、クリストファー・レンもいた。ボイルが「不可視の学院」と名づけた私的な学者グループは、やがて一六六〇年に王立協会へと発展し、ボイルはその創設会員の一人となる。

　ボイルといえば、一定温度では気体に加わる圧力と体積は反比例するという「ボイルの法則」がよく知られている。気体に関する研究は空気ポンプという器具の発明に負うところが大きいが、ボイルは一六五九年に実験助手ロバート・フックの助力により真空ポンプを作製している。一六六八年にはオックスフォードからロンドンに移り、姉のラネラ子爵夫人キャサリンの邸宅に九一年に亡くなるまで滞在した。このペル・メルの邸宅（現在のアドミラルティ・アーチの近く）には、ボイル専用の実験室が用意されており、数人の助手が雇用されていた。

　キャサリンはたぐい稀な美貌と知性に恵まれた女性として知られ、ハートリブ、ジョン・デュリー、ジョン・ミルトンなどとの交友関係もあった。彼女の息子リチャード・ジョーンズの家庭教師を務めていたのが、ブレーメン生まれのヘンリー・オルデンバーグである。オルデンバーグは、ボイルだけでなく王立協会の創立会員たち、ミルトン、クリスティアーン・ホイヘンス、ピエール・ガッサンディ、バールーフ・デ・スピノザなどとの交友関係があり、王立協会事務局長として当時のヨーロッパの知的ネットワークの中心にいた人物である。

　ボイルは一六六一年に『懐疑的な化学者』を出版し、実験とその精密な分析を重視する近代化学への道を整えた。ボイルは、実験によって証明することができないという理由により、アリストテレスの四大元素説やパラケルススの三原質論を一掃してしまう。旧来の理論に代わって登場したのが、世界が微細な化学的粒子から成るという粒子論である。しかし、興味深いことに、近代化学の父とまでいわれるボイルは、錬金術の目的を捨てることなく、終生にわたり金属変成の可能性を信じていた。スターキーとの共同研究によりボイルは、賢者の石に必要な賢者の水銀を生成したと信じていただけでなく、実際に金属変成を数度目撃したとさえ主張しているのである。

## 錬金術師ニュートン

　ニュートンは一六六〇年代にボイルの影響を受けて錬金術関係の文献を読み始めており、リチャード・ウェストフォールによると、六九年にはロンドンに出かけたさいに錬金術書とともに「炉を二つ、ガラス器、それに化学薬品」（『ニュートン』）を購入している。トリニティ・カレッジの礼拝堂の脇に設置された私的な実験室にはニュートンが自分で作った錬金炉があり、めったに余人を立ち入らせることなく、ここで実験に没頭していた。故郷のグランサムから呼び寄せた筆記助手のハンフリー・ニュートンによると、炉の火は何週間も消えることがなく、明け方まで実験を続けていたこともあるという。この二〇年以上にわたって続けられたニュートンの錬金術の実験は、厳密な物理学・数学研究の合間に行われる手遊びというものではなく、自然科学の根拠を問いなおすための基礎研究的な意味合

**▶光学の実験をするニュートン**　ニュートンの光学研究は、光線の屈折や反射などの物理現象だけでなく、光の本体としての能動的原理を探求するという、錬金術的な動機が根底にある。

**◀ニュートンの実験室**　ニュートンの錬金術の実験は、ケンブリッジ大学トリニティ・カレッジの正面玄関脇の宿舎に入った頃に始まる。左側は中央玄関、右側はチャペルであり、ニュートンの実験室はその中間に庭に面して設置されていた。

いを帯びていた。伝説的なヘルメス・トリスメギストス、中世の錬金術師たち、ニコラ・フラメル、ジョージ・リプリー、センディヴォギウス、マイアー、エイレナエウス・フィラレテス、アシュモールなど、当時入手できるほとんどの錬金術文献を渉猟したニュートンは、細かな文字で正確に転写し、注釈を書き、自ら行った化学実験の記録を合わせて一〇〇万語に及ぶ手稿を残している。エイレナエウス・フィラレテスがジョージ・スターキーの別名であるように、ニュートンも「イェホヴァ・サンクトゥス・ウヌス（神聖にして一なる神）」という錬金術名をもっていた。

　ニュートンは一六八七年に記念碑的な著作『自然哲学の数学的原理（プリンキピア）』を刊行して、近代自然科学の機械論哲学を集大成する。ニュートンが錬金術研究に全力で取り組んでいた背景には、ルネ・デカルトやガッサンディなどの機械論哲学への警戒の念があった。自然界の事象を機械的な因果関係によって説明できれば、従来の目的論的な考えを退けられるという発想は、ボイルを含めて多くのイギリスの学者たちを夢中にさせていた。しかしニュートンは、機械論哲学が唯物論と結びついて結果的に無神論へとつながるのではないかという不安を強く感じていた。ニュートンは、自然界の事象を動かす能動的原理として生命原理を模索しており、そのための手段として錬金術を選択したのである。その意味においてニュートンの錬金術には、卑金属から金変成を目指すというよりも、むしろ神学研究に近いものが感じられる。B・J・T・ドブズによると、ニュートンは「世界における神の活動の証拠を、自分の錬金術および神学研究のなかに見出す」（『錬金術師ニュートン』）ことを考えていたのである。

　一七世紀末までに錬金術の実践的な側面は自然科学の一部門たる化学に道を譲り始めており、科学者は錬金術師であることをやめて、自らを化学者として差異化するようになる。錬金術の根拠となっていた四大元素説や硫黄＝水銀理論は失効して、錬金術は過去の遺物となった。一八世紀になると、燃焼という現象は燃素という物質が放出されて起こるという、ヨーハン・ベッヒャーやゲオルク・シュタールなどの唱えたフロギストン説が流行し、一七八九年のフランス革命と前後して登場したアントワーヌ・ラヴォアジエによって、燃焼は物質が酸素という「元素」と結合する現象であることが立証された。そして一八〇八年にジョン・ドルトンの原子説の提唱によって「元素」という概念が確立し、近代化学の発展の礎が築かれたのである。

# フランドルの錬金術師

ピーテル・ブリューゲル（父）の「錬金術師」（一五五八年）は、錬金術に関心のある人であればかならずどこかで見たことがある作品である。ブリューゲルはフランドル（現在のベルギー西部）の農民や子どもたちの風俗を透徹した眼で表現しようとしており、とくに画題に関するものであればそのすべてを細密に描き込むという作風で知られる画家である。人間の傲慢さと愚かさを強調してはいるが、その実相をユーモアと優しさをもって見守っている場合も多い。

**▲錬金術師**　ピーテル・ブリューゲル（父）の「錬金術師」（1558年）は、錬金術師を黄金変成の夢を追い求めて悲惨な生活を送る哀れな職人として描いている。場面はさまざまな装置の散乱する実験室であり、左側では錬金術師が坩堝による加熱と蒸留作業を行っている。窓の下には、何冊もの本を開いている学者らしい人物がおり、錬金術が徒労に終わることを示している。

「錬金術師」では、一六世紀の錬金術師の姿を黄金変成の夢を追い求めて悲惨な生活を送る哀れな職人として描いている。場面は錬金術器具の散乱する実験室であり、画面の左側では錬金術師が坩堝による加熱と蒸留作業を行っている。混乱した室内の状態は、錬金術師の混乱した精神状態をよく表わしている。中央で空の穀物袋を開けているのは錬金術師の妻であり、その横では錬金術師の助手がふいご（送風器）で火を熾している。背後ではお腹を空かせた子どもたちが、戸棚を探してみたが何もなく、空の料理用鍋を頭にかぶって無邪気に遊んでいる。貧しい服装からも明らかなように、彼らには厳しい未来が待っている。右上の窓には、錬金術にすべての財産をつぎ込んだ結果、その一切を失って救貧院に助けを求めている錬金術師とその家族が見える。窓の下には、何冊もの本を前にした学者らしい人物がおり、左手で書物を指差している。比較的大きな文字で「ALGHEMIST」と読めるが、

**▲錬金術師**　上図を別の角度から見たものであり、錬金術師は最後のコイン（金変成の素材）を坩堝に投入しようとしている。破れた貧相な衣服などから、極限状態にある生活ぶりが推測される。

オランダ語のこの言葉には「錬金術師」と「すべてが霧のように空しく失われる」の二つの意味が込められている。

　フランドルの画家ダフィット・テニールス（子）は、心情的には錬金術師への愛情が満ちあふれた作品を描いている。一六一〇年にアントウェルペンで生まれたテニールスは、父も画家であり、自身はブリューゲルの孫娘アンナと結婚している。一六五一年にはブリュッセルに定住し、農民や庶民の日常を主題とする風俗画を二〇〇〇点以上も残した。テニールスはまた、錬金術師を題材とする作品を少なくとも二〇〇点以上制作しており（三五〇点以上という説もある）、歴史上もっとも錬金術にコミットした画家といえる。このことは、たんに画家自身の錬金術への思い入れというだけでなく、それだけの作品を購入しようとする意欲と余裕が、市民の側にも存在していたことを示している。一七世紀前半にオランダは東インド会社を設立してアジア貿易（香辛料貿易）を独占し、アムステルダムは世界の商業と金融の中心地として最盛期を迎えていた。アムステルダムと並んで繁栄を極めたブリュッセルでも、市民は時代の最先端の文化や芸術を享受することができるようになっており、テニールスの画家としての活動もそうした歴史的背景を抜きにしては考えられない。テニールスの「錬金術師」は、作業中の錬金術師を現場において自ら観察したものを基にしており、実際の錬金術師の姿をそのまま伝えようとする意思が感じられる。図版には、「魚」などの剥製が天井からつりさげられていることが多い。慎重に作業を進めよ、という警告として受けとめることもできるが、今のところ定説はない。魚の象徴については、本書の最後でも「密儀の手」のなかに再び登場するが、宗教的な含意を読み取ることもできる。

**▲実験室の錬金術師**　ブリューゲルと同じように17世紀フランドルの錬金術師を描いたダフィット・テニールス（子）の作品（1648年）である。テニールスは、静謐な光の漂う実験室で作業する勤勉で実直そうな錬金術師をテーマとする作品を、少なくとも200点以上制作している。天井からつりさげられている「魚」の象徴には、慎重に錬金作業を進めよ、という警告の意味がある。

**▲作業中の錬金術師**　作業中の錬金術師を目の前で見ながら手早く描かれた臨場感あふれるスケッチであり、17世紀の錬金術師の実像にもっとも近いものである。作者はダフィット・テニールス（子）と推定されている（「アムビックス」13：3、1966年）。

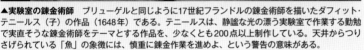

# 第三章……錬金術の理論と実践

## I……ヘルメス・トリスメギストスの「エメラルド板」

### 錬金術の精髄

ヨーロッパ錬金術の創始者とされているのは、古代エジプトに実在したと信じられていたヘルメス・トリスメギストス（「三倍に偉大なヘルメス」を意味する）である。

錬金術は、別名「ヘルメスの術」とも呼ばれるように、ヘルメス・トリスメギストスが創始した体系とみなされてきた。エジプトの神トートあるいはギリシア神話のヘルメスと結びつけられており、ローマ神話ではメルクリウスと呼ばれた。

ヘルメス・トリスメギストスの名のもとに流布した『ヘルメス選集』が歴史の表舞台に登場するのは、一四六三年にマルシリオ・フィチーノが『ヘルメス選集』のラテン語訳を完成させ、八年後の一四七一年に刊行したときである。『ヘルメス選集』は人間の神性と物質性を前提にしながら、最終的に人間が神性にまで至ることができるという可能性を主張しており、ルネサンス魔術が成立する原動力となった。ただし、『ヘルメス選集』そのものには、錬金術に関する記述はほとんどない。すべての錬金術文書のなかでもっとも権威があるのは、「エメラルド（緑玉）板」である。

伝説によると「エメラルド板」は、洞窟に葬られたヘルメス・トリスメギストスの遺体の手に握られていたという。発見者については、アレクサンドロス大王、アブラハムの妻サラあるいはテュアナのアポロニウスなど諸説がある。この「エメラルド板」は、長いあいだラテン語版しか知られておらず、それに先行する版はないものと信じられていた。アラビアの錬金術師ジャービル・イブン・ハイヤーンのある著作のなかに、「エメラルド板」のアラビア語によるテクストが含まれていることが明らかとなったのは、一九二三年のことである。

「エメラルド板」はたんに有名というだけでなく、この短い文書のなかには錬金術の精髄が凝縮されている。さまざまな解釈が試みられているが、ここでは「エメラルド板」の本文（ゴチック体）とともに、参考

**ヘルメス・トリスメギストス**
▶右ページ・ヘルメス・トリスメギストスは、アラビア風にターバンを巻き、その上に王冠をのせている。右手の人差し指で上方の星、左手で大地を指しており、上なるものと下なるものの一致を説いている。15世紀制作。
▲マイアー『黄金の卓の象徴』（1617年）。右手にアーミラリ天球儀をもつヘルメス・トリスメギストス。賢者の石の生成には、太陽と月（硫黄と水銀、男性と女性）が神秘的な火によって一体化する必要があることを示している。
◀この図版でも、ヘルメス・トリスメギストスはアーミラリ天球儀を右手にもっている。ヘルメット・剣・矢など武具も描かれている。右手にカドケウスが見える。17世紀制作。

までに一六八〇年代にニュートンが付けたといわれる注釈を併記する。

**「これは偽りなく、確実で、真実である。**

　以下のことは、まさに真実である。

**下のものは上のものに似ており、上のものは下のものと似ており、かくして一なるものの奇蹟を行う。**

　下位のものと上位のもの、固定されたものと揮発性のもの、硫黄と水銀は同じような性質をもっており、男と女のように一つのものである。両者は互いに消化と成熟の度合いに応じてのみ異なっている。硫黄は成熟した水銀であり、水銀は未成熟の硫黄である。この親近性ゆえに両者は男と女のように結びつき、互いに作用しあう。この作用を通して互いに変容して、さらに高貴な子どもを産み、一なるものの奇蹟を行う。

**すべてのものは一なるものの仲介により造られたように、すべてのものはこの一なるものから適応によって造られる。**

　すべてのものが唯一の神の創意によって渾沌から創造されたように、われらの術においては、すべてのものすなわち四大元素は、一なるものすなわちわれらの渾沌から造物主の創意と事物の巧みな適応によって生まれた。

**一なるものの父は太陽、母は月である。風はそれを胎内に宿し、地は乳母である。世界のすべてのものを完成する父がここにいる。それが地に変わるとき、その力は全きものとなる。**

　この生成は人間のそれに似ており、父と母、すなわち太陽と月による。子は父と母の結合によって胚胎し、誕生のときまで風の胎内にとどまる。誕生後は緑の大地の胸で育まれ、成長する。この風は太陽と月の浴槽、メルクリウス、ドラゴン、作業進行役として第三の地位にある火である。地は乳母であり、洗われ清められたラトナである。エジプト人は彼女をディアナとアポロンの乳母、すなわち白い錬金染液と赤い錬金染液とした。これは、全世界のすべての完成の源泉である。その力と効力は、煎出による赤化、増殖、発酵により固定された地に変われば、全きもの、完全なものとなる。

**火から地を、粗大なものから精妙なものを巧みに分離せよ。それは地から天空に上昇し、再び地に下降し、上位のものと下位のものの両方の力を受けとる。**

かくしてまず四大元素を優しく、急ぐことなく、ゆっくりと分離して清め、すべての物質的なものを昇華によって天へと上昇させ、昇華を繰り返して地へと下降させる必要がある。この方法により、それは精気の貫通する力と身体の固定された力を獲得する。

**かくして汝は全世界の栄光を得て、不確実なるものは消え去るであろう。**

かくして汝は、全世界の栄光を得て、すべての不明瞭さ、窮乏、悲哀は逃げ去るであろう。

**その力は、すべての精妙なものを超え、すべての固定したものを貫いているために、すべての力に勝る。**

これは、溶解したものと凝固したものを通って天に昇り、地に下降するとき、すべてのもののなかでもっとも強いものとなる。それは、すべての精妙なものを捉えて凝固させ、すべての固定したものを貫き染めるからである。

**かくして世界は造られた。**

かくして暗い渾沌から光の登場、地から空気層そして水が分離されて世界の創造が行われたように、われらの作業は、暗い渾沌とその第一質料から始まり、四大元素の分離そして物質の霊的照明へと続く。

**かくして驚くべき適応が生まれるが、その過程はここにおいて示されている。**

かくしてわれらの作業において、驚くべき適応と編成が生まれる。そのさまは、世界の創造において概要が示されていた。

**それゆえ、私は全世界の哲学の三つの領域に通じるヘルメス・トリスメギストスと呼ばれる。**

この術によってメルクリウスは、全世界の哲学の三つの部分をもつ三倍に偉大なものと呼ばれる。彼は「哲学者のメルクリウス（賢者の水銀）」を意味しており、三つの最強の原質から成り、肉体・魂・霊をもち、鉱物・植物・動物であり、鉱物界・植物界・動物界を支配しているからである。

**太陽の作業に関して私がいうべきことは、これがすべてである。」**

## 「一なるもの」とは何か

このテクストを読んですぐに気がつくことは、金の変成について直接的には何も語っていないという点である。一貫して強調されているのは、万物の根源としての「一なるもの」の変容である。この「一なるもの」とは何かということについてもっとも明快に説明しているのは、シャーウッド・テイラーである。彼は『錬金術師』において、「実践的な自然哲学とは、いわば錬金術師やヘルメス主義者たちが人間と金属の両方に入り込んでいると信じた精気（スピリトゥス）、あるいはプネウマという実体を対象とする化学である。このプネウマあるいは精気は、天空界と地上界の中間にあるものであり、いかなる時代においても錬金術の本質的な素材である」と述べており、「エメラルド板」における「一なるもの」がこのプネウマであると見ている。

ヨーロッパ錬金術は早い段階で、金変成を目指す技術から、このプネウマを化学的な操作によって固定する作業に切り替わる。プネウマは「生命の息」という意味のギリシア語であり、ラテン語にはスピリトゥスと翻訳されたが、いずれの場合でも人間や金属だけでなく宇宙（世界）の生命原理として理解されていた。このプネウマは、呼

**▲岩山に刻まれた「エメラルド板」** クーンラート『永遠の知恵の円形劇場』(1602年)。「エメラルド板」のラテン語版とドイツ語版が岩山の全面に刻まれており、「自然とその本性を理解し、神を認識する」という「ポイマンドレース」(『ヘルメス選集』)の冒頭の語句が併記される。

吸を通して肺から心臓へと運ばれて心身の活動を支える生命の根源的な精気であり、本書では「生命霊気」と呼んでいる。錬金術は、賢者の石とは凝固した「生命霊気」であるという前提で展開しており、宇宙霊、賢者の水銀、第五元素、エーテルなどさまざまな言葉で表現されているものは、最終的には同じ実体を別の角度から表現したものであると考えられる。

「エメラルド板」のテクストで問題となるのは、「すべてのものは一なるものの仲介により造られた」という部分の「仲介(mediation)」という言葉である。これとは別に「瞑想(meditation)」という解釈もあるが、一なるものから万物が創造されるという点においては同じ意味となる。神と人間との仲立ちをするキリストが「仲保者(mediator)」と呼ばれることにも注意しておきたい。

## 2 錬金術の象徴と記号

### 動物による表現

錬金術の目的は生命霊気を抽出し固定することにあるが、錬金術たちは、それを表現することの難しさだけでなく危険性についても十分にわきまえていた。師匠から弟

**▲有翼のドラゴン**　マイアー『逃げるアタランテ』(1618年)。錬金術を代表する動物象徴は、ドラゴンである。ドラゴンは翼のある蛇のことを意味しており、本来は有翼である。錬金術では同じ動物でも、翼のある場合とない場合によってそのもつ意味が異なっており、有翼のドラゴンは水銀、女性、揮発性、冷・湿を表わす。

子に技術を確実に継承するという理由から、口伝以外に何らかのかたちで、化学的な操作内容を表現しておく必要があった。一方において、錬金術はある意味において当時の先端技術といえる内容を含んでおり、膨大な時間と労力を費やして到達した技術は、簡単には外部に流出させることができないという事情もあった。結果的に錬金術師たちが採用することになったのは、さまざまな動物や植物などの象徴を使って、生命霊気の抽出と固定の方法を図解するという方法である。錬金術に登場する動物や植物のなかには、ライオン・鷲・ヒキガエルのように現実に存在するものもあれば、ドラゴンやグリフィンのように想像の世界にしか存在しないものもある。この場合の象徴は、ある種の言語あるいは記号と同じように、錬金術の秘密が公然と表現されてはいるが、その秘密に到達するには秘教的知識が必要となる。また、その秘密についても、技術的な知識の段階から誰も知ることができない奥義に至るまでさまざまなレヴェルがあり、賢者の石の秘密を解明しようとすることは容易な作業ではない。

## ドラゴン

錬金術を代表する象徴は、ドラゴンである。ドラゴンは、語源的にはギリシア語でもヘブライ語でも「蛇」に由来する言葉であり、錬金術では口から火を吐き出す蛇の姿で描かれる場合が多い。翼のあるドラゴンのほかに翼のないドラゴンがあり、有翼のドラゴンは水銀、女性、揮発性、冷・湿を、無翼のドラゴンは硫黄、男性、不揮発性、熱・乾を表わす。有翼と無翼のドラゴンが激しく争っている状態は、水銀と硫黄などが化学反応を起こしている局面を示しており、化学反応が終わるとともに両者は統合されて、より高次な調和の段階に到達する。

## ウロボロス

錬金術における対立と統合の過程は、ウロボロスという自らの尾を飲み込む蛇、あるいはドラゴンの象徴によっても表現される。万物は「一なるもの」が変化することによりさまざまなかたちとして存在し、存在するものは死滅したのちに別のかたちで再生する。自らを食べることによって新しい自身を形成していくというウロボロスは、能動的原理であると同時に受動的原理でもあるという不思議な論理を表現しており、この論理は、ふつうの水銀が錬金作業を通して能動的原理と受動的原理をあわせもつ賢者の水銀に変化する過程を表現するものと解釈される。「リプリー・スクロール」(五七～五八ページ参照)においては、自らの尾を飲み込むドラゴンだけでなく、頭部が王の顔をした鳥が自らの羽根をかむ姿でも描かれている。

## 蛇

蛇は原初的な生命あるいは本能の象徴であり、十字架にかけられた蛇は錬金作業の最終段階で得られる賢者の石を表わすことがある。十字架はいうまでもなくキリストが犠牲となる場所として、人類の救済と贖罪を象徴しており、錬金術においては、霊的世界と地上世界との結節点、物質の生成と死滅、腐敗から再生への循環の場を象徴している。

錬金術の守護神ヘルメス（メルクリウス）は、二匹の蛇が巻きついている杖カドケウスをもつ姿で描かれる場合がある。蛇はギリシア時代から医神アスクレピオスの化身とされており、カドケウスは治癒力の象徴とされてきた。二匹の蛇は、健康と病気だけでなく、錬金術における硫黄と水銀、男性原理と女性原理、太陽と月、光と闇、上昇と下降、溶解と凝固などの対立と統合を象徴する。

## ヒキガエル

ヒキガエルは、錬金作業の素材であるとともに、自らの内部に賢者の水銀を隠している。外見は醜悪であり、加熱すると猛毒の汗を噴き出す。「リプリー・スクロール」において、蒸留器に蒸気のように点々と描かれているのは、ヒキガエルの汗（毒）である。この毒はヒキガエルの体内から出て、ヒキガエルそのものを浄化する役割を果たしている。

## ライオン

ドラゴンと並ぶ錬金術の偉大な象徴は、ライオンである。赤ライオンが賢者の硫黄を表わすとすれば、緑ライオンは賢者の水銀である。緑ライオンが太陽を食べる姿は、賢者の水銀が太陽（金）を溶解して賢者の石へと変容する錬金術の最終局面を表現している（八七ページ参照）。ちなみに、ライオンは眼を開けたまま眠る神獣とみなされており、現在でも建物の入口（門）を守る2頭のライオン像を見かけることがある。

## 鳥類

ライオンと対立するのは、空飛ぶ鷲であり、揮発性の水銀を表わしている。鷲がライオンに打ち勝つという場面は、錬金作業の過程において、不揮発性の水銀が揮発性に変わることを示している。また、大空を飛ぶ鷲が上昇する場合は揮発性の水銀を、地上に向かって下降する場合は水銀の凝固を表わすこともある。黒鳥（カラス）と白鳥はそれぞれ黒化と白化を表わす。孔雀は、太陽の力とともに不死・復活を表わし

**▲無翼のドラゴン**　有翼のドラゴンに対して無翼のドラゴンは、硫黄、男性、不揮発性、熱・乾を表わす。有翼と無翼のドラゴンは、当初は激しく争うがやがて調和の段階に到達する。17世紀制作。

**▼ウロボロス**　プリマ・マテリアが最終物質に変化することは、自らの尾を飲み込むドラゴンの姿で表現されている。ドラゴンは、作用因であると同時に、変容して新しい生成物となる。ふつうの水銀は、変容して賢者の水銀たるメルクリウスとなる。

ており、孔雀の登場は、錬金作業の終わりが近いことを示している。

## 不死鳥

不死鳥（フェニックス）は、自らの灰から再生するという想像上の鳥であり、火による復活の象徴であると同時に、太陽を象徴する神鳥でもある。両性具有という説もあり、その点においては賢者の水銀と重なる。錬金術の最終目標たる賢者の石の象徴として、キリストを表わすこともある（九〇ページ参照）。

## ユニコーン

**▶鷲と蛇**　蛇が物質に内在するプリマ・マテリアを表わすとすれば、鷲は錬金術によって抽出されたプリマ・マテリアの精気である。鷲と蛇は、それぞれ揮発性の水銀と不揮発性の水銀を表わしているとも解釈される。17世紀制作。

**▼右・鷲とヒキガエル**　マイアー『黄金の卓の象徴』（1617年）。左側には、『医学典範』の著者として著名なアヴィセンナ、右側では、鷲が鎖で結ばれたヒキガエルを空中に引き上げようとしている（揮発性と不揮発性の均衡を象徴する）。

**▼左・鷲と蛇とヒキガエル**　アシュモール『英国の化学の劇場』（1652年）のタイトルページには、鷲と蛇とヒキガエルという錬金術の象徴が登場する。

Serpens et Bufo gradiens sup terrã, Aquila
volans, est nostrũ Magisteriũ.

そのほかに錬金術を象徴する想像上の動物としては、ユニコーン（一角獣）、グリフィン、バシリスクなどがいる。ライオンと対立するのはユニコーンであり、同じ画面に描かれている場合にはライオンが男性原理、ユニコーンが女性原理を表わす。鹿とともにいるときは、ユニコーンが男性原理であり、鹿が女性原理となる。グリフィンは、頭部と翼は鷲、胴体がライオンの姿をした怪物であり、水銀（女性原理）を表わす場合が多い。バシリスクは、頭と尾は蛇、胴体は鶏の怪物であり、錬金霊液エリクシルを表わす。

## 「リプリー・スクロール」

数ある錬金術図像のなかでも一六世紀後半に制作された「リプリー・スクロール」は、独立した美術品としても評価できるほど完成度の高い傑作である。制作者とされるイギリスの錬金術師ジョージ・リプリーは一四九〇年頃に亡くなっており、年代的には符合しないが、錬金術文献の場合と同じように、実際の制作者が別の著名な人物の名前を借りて発表することはよくあることであった。「スクロール」という名称からも

**▲有翼のライオンと無翼のライオン**　マイアー『逃げるアタランテ』（1618年）。ドラゴンと並ぶ錬金術の偉大な象徴はライオンである。ライオンは、ドラゴンと同じように、有翼の場合は揮発性物質、無翼の場合は不揮発性物質を表わす。

**▼カドケウス**　翼のあるヘルメットをつけたメルクリウスは、右手で赤い液体（錬金霊液）を老人に注いでいる。老人が右手にもつ砂時計は、逆転させると新たな時間が始まる（若返る）。メルクリウスは左手に、2匹の蛇が巻きつくカドケウスをもっている。蛇はギリシア時代から医神アスクレピオスの化身とされており、カドケウスは治癒力の象徴とされてきた。17世紀制作。

▲**十字架にかけられた蛇**　十字架にかけられた蛇は、錬金作業の最終段階で得られる賢者の石を表わすこともある。17世紀制作。

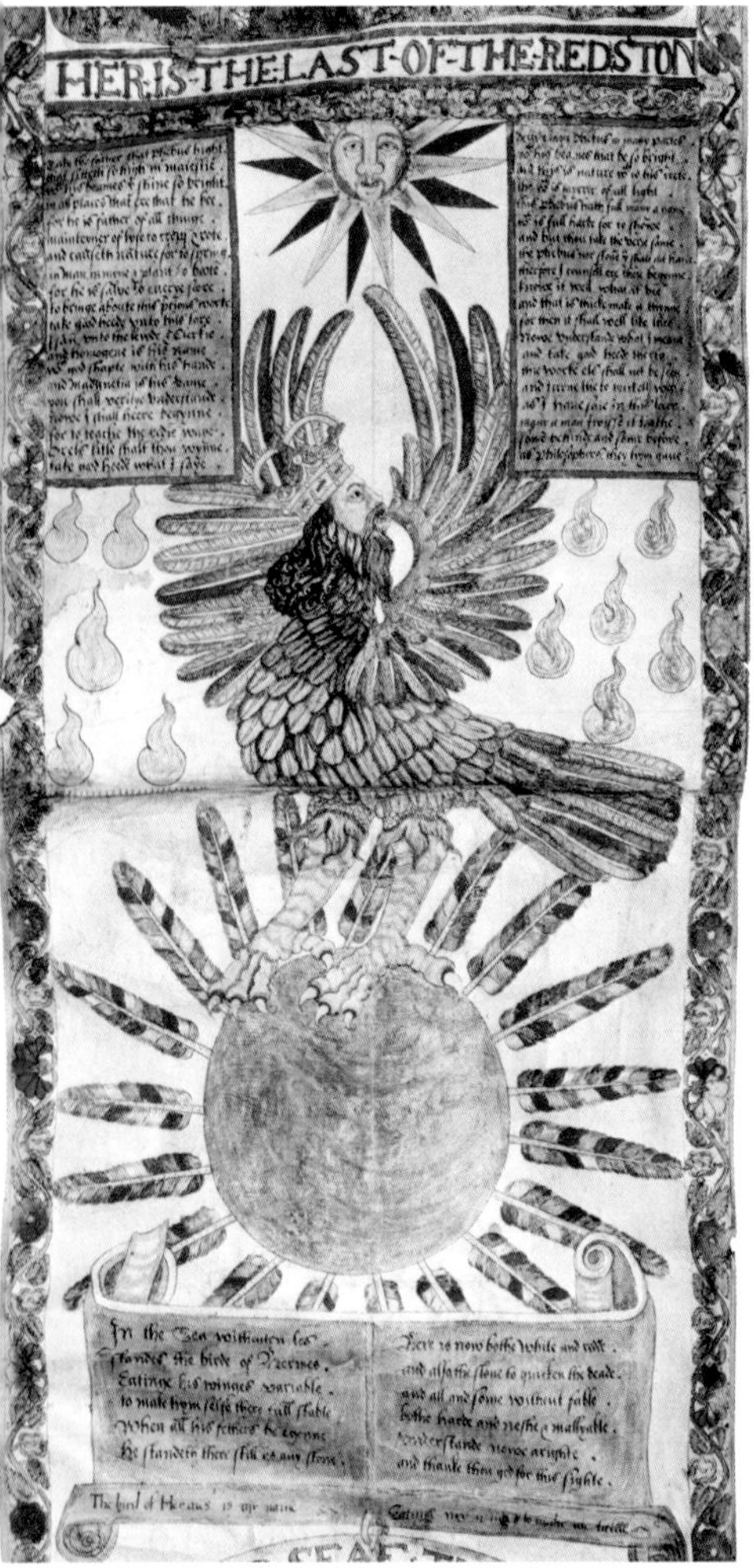


**「リプリー・スクロール」**

▶髭をのばした老人(ヘルメス・トリスメギストスと思われる)が錬金容器（フラスコ）を手にもっている。容器のなかのヒキガエルは錬金作業の素材であり、内部に賢者の石を隠している。容器のなかには8個の円があり、小さいフラスコが描かれている7つの円は錬金作業の工程を示している。7つの円はさらに内側の円に鎖でつながれており、それを老人とその助手がじっと見ている。この場面は全体で黒化を表現している。

◀太陽の下では王の顔をもつ鷲、すなわち「ヘルメスの鳥」が自らの羽根をかんでいる。ヘルメスの鳥は、水銀の精気を表わしている。羽根をかむという行為は錬金術師が水銀を制御することを意味する。その下には羽根をつけた緑の球が描かれている。

◀左ページ右・上から順に、三位一体を内部にもつ太陽（黒、白、黄の小円から成る)、月（黒、白、黄の半円から成る)、自らの尾をくわえる緑のドラゴン、緑の翼のある球が描かれている。ドラゴンからは血がしたたり、下の黒い小球へと落ちていく。その下には、杖をもつ托鉢修道士（錬金術師）がいる。この場面は全体で赤化の過程を示している。

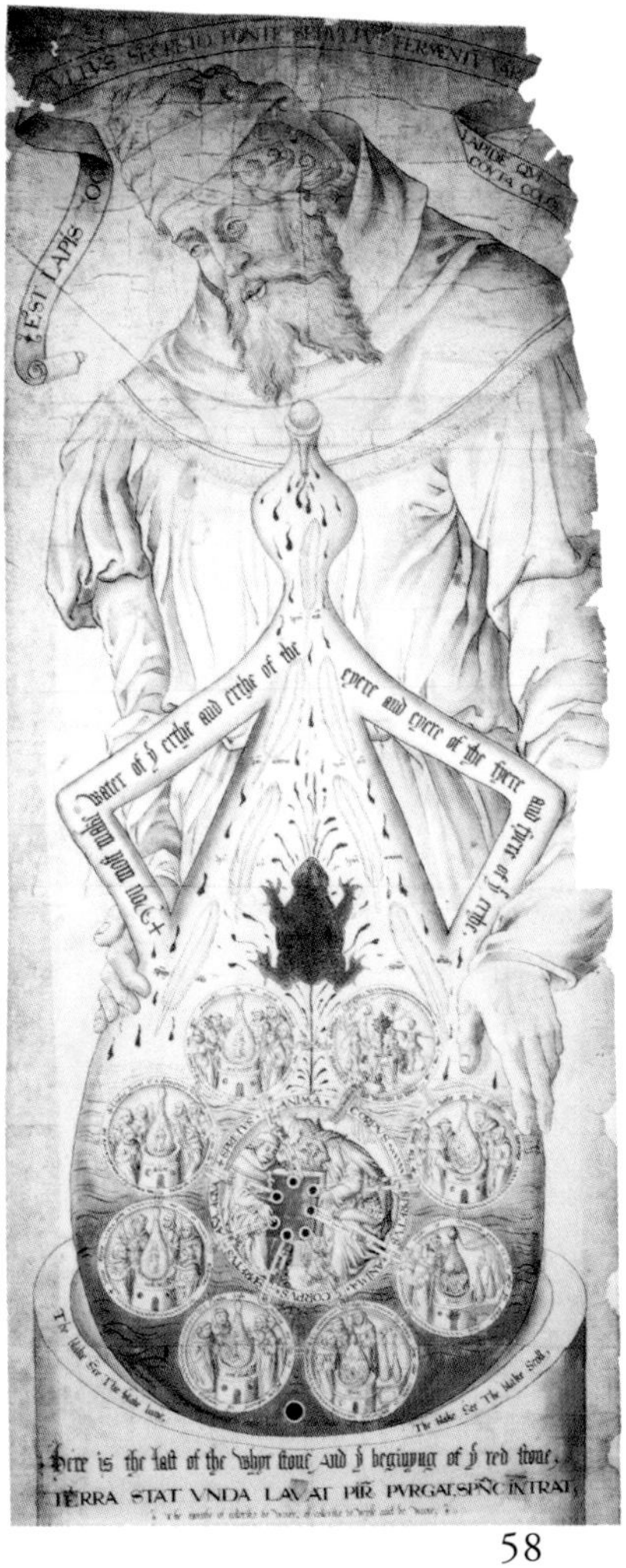

**▶両性具有者と霊魂の分離**
『賢者の薔薇園』（1550年）における錬金作業は、王と王妃の出会い、婚姻、王と王妃の死（黒化）、王と王妃の一体化（白化）と続き、さらに王と王妃の結婚によって完成する（赤化）。右図は、一体化した王と王妃から霊魂が分離する（上昇）場面、左図は、再び結合する（下降）場面を示している。

**▲錬金作業と両性具有者**　『賢者の薔薇園』（1550年）。錬金作業の最終段階を両性具有者の姿で示しており、ライオン・ドラゴン・蛇・太陽の木などの象徴のほかに、自らの血で雛を養うペリカンが描かれている。

**▼両性具有者**　クーンラート『永遠の知恵の円形劇場』（1595年）。下部には地球と渾沌（カオス）が描かれており、錬金作業はここから始まることを示している。火の作用により、球（内部に四大元素とパラケルススの3原質を含む）を抱えた両性具有者が生まれ、黒い鳥（黒化）を経て孔雀となる。鳥の胸元にはAZOTH（賢者の水銀）とあり、Oを中心にして「象形文字の単子」が見える。孔雀の上には赤い三角錐が見え、太陽の中心には神名が刻まれる。その上にはピュタゴラスのテトラクテュス（1、2、3、4が順に点で示される）が見える。

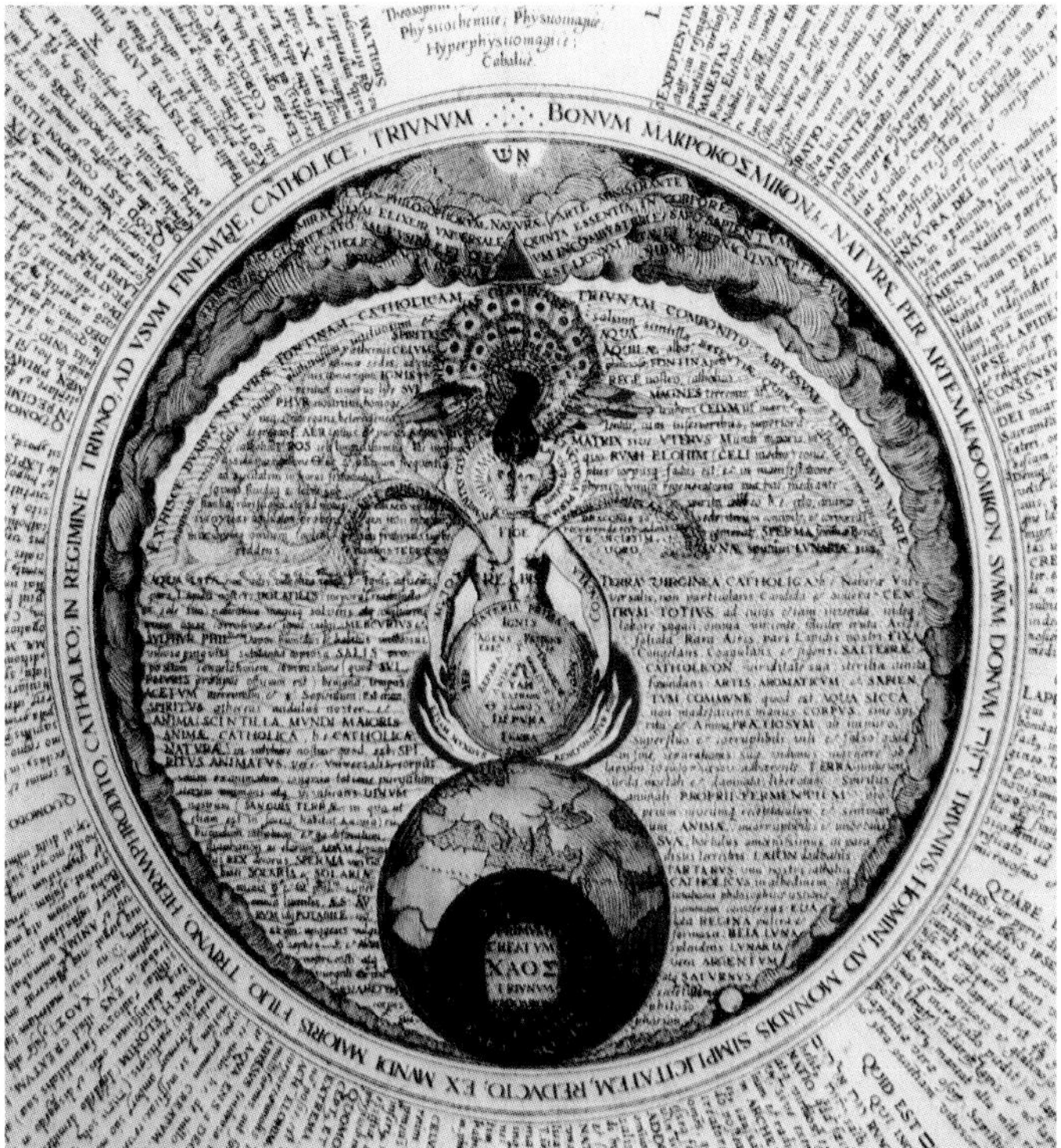

わかるように、木製棒に幅六〇センチ、長さは五メートルを超える羊皮紙あるいは紙を巻きつけたものである。現在では、大英図書館、オックスフォード大学ボドリアン図書館、ケンブリッジ大学フィッツウィリアム美術館などに残っているだけであり、それぞれ若干の異同はあるものの基本的な主題は一致している。

## 記号による表現

錬金術では、動物や植物の象徴によって

**▲2人のメリクリウス**　マイアー『逃げるアタランテ』（1618年）。2人のメルクリウスがいるように2種類の水銀がある。ふつうの水銀は、錬金作業によって賢者の水銀に変容する。

**▼大宇宙と小宇宙の照応**　ミューリウス『医化学論集』（1618年）。中央にいる錬金術師は、昼と夜の星で染め分けられた衣服を着ている。彼が乗るのは、2つの胴体と1つの頭をもち、口から液体を吐き出しているライオンであり、対立の統合を表わしている。背後の丘に育つ木には、惑星や錬金術の記号が刻まれている。丘のふもとには火（左側）と水（右側）が見える。火の支配する左側は昼の情景であり、男性と太陽、ライオンと不死鳥が描かれている。水の支配する右側は夜の情景であり、女性と月、鹿と鷲が描かれている。
超天空界と地上界は水平線によって分けられており、両者を横断するように巨大な太陽を象る円形が描かれている。上半分には神名（父）と子（子羊）と聖霊（鳩）の三位一体と天使、下半分にはカラス（土星）、白鳥（木星）、ドラゴン（火星）、ペリカン（金星）、不死鳥（水星）などが見える。太陽の中心部の同心円には、黄道12宮と硫黄・水銀・塩の錬金術記号が表示され、中心に賢者の水銀がある。

化学的な操作の一端を示すことが多いが、記号によっても表わされる。七惑星と七金属、すなわち太陽（金☉）・金星（銅♀）・火星（鉄♂）・土星（鉛♄）・木星（錫♃）・水星（水銀☿）・月（銀☽）、水銀（☿）・硫黄（🜍）・塩（⊖）の三原質、火（△）・空気（🜁）・水（▽）・地（🜃）の四大元素をはじめとして、さまざまな物質が記号化されている（たとえば、六三、八三ページの図版等を参照）。特定の記号が具体的な物質に対応する場合には、錬金術師によって想定する物質にある程度の相異があるにしても、それほど問題は生じない。問題は、具体的な物質が想像力の世界にしか存在し

**◀ジョン・ディー『象形文字の単子』（1564年）のタイトルページ**　「象形文字の単子」を構成する半円、円、点、十字、連結半円は、それぞれ月、太陽、地球、月下界（四大元素）、白羊宮（火）を表わしている。全体の記号は卵形に囲まれており、賢者の卵を表現している。

**象形文字の単子**

▼左・アタナシウス・キルヒャーは『エジプトのオイディプス』（1652年）において、ディーの「象形文字の単子」が宇宙全体の構造を明らかにするものと解釈した。上部には黄道12宮から惑星、四大元素と階層を成す宇宙、下部には地・水・空気・火が象徴によって示されている。

▼右・キルヒャーはまた、左側の土星・木星・火星、右側の金星・水星・月のいずれの記号も「象形文字の単子」から派生することを図解している。

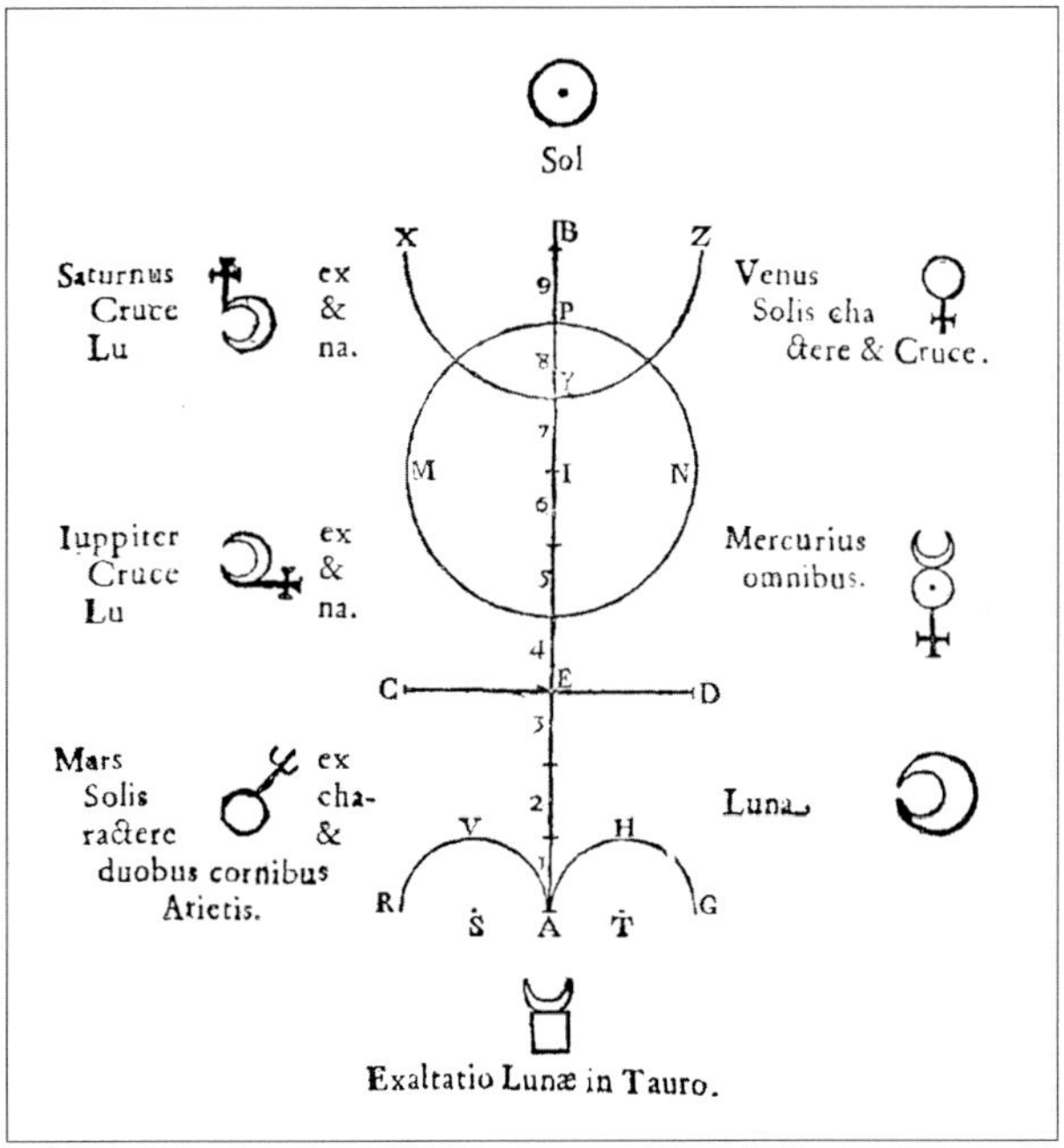

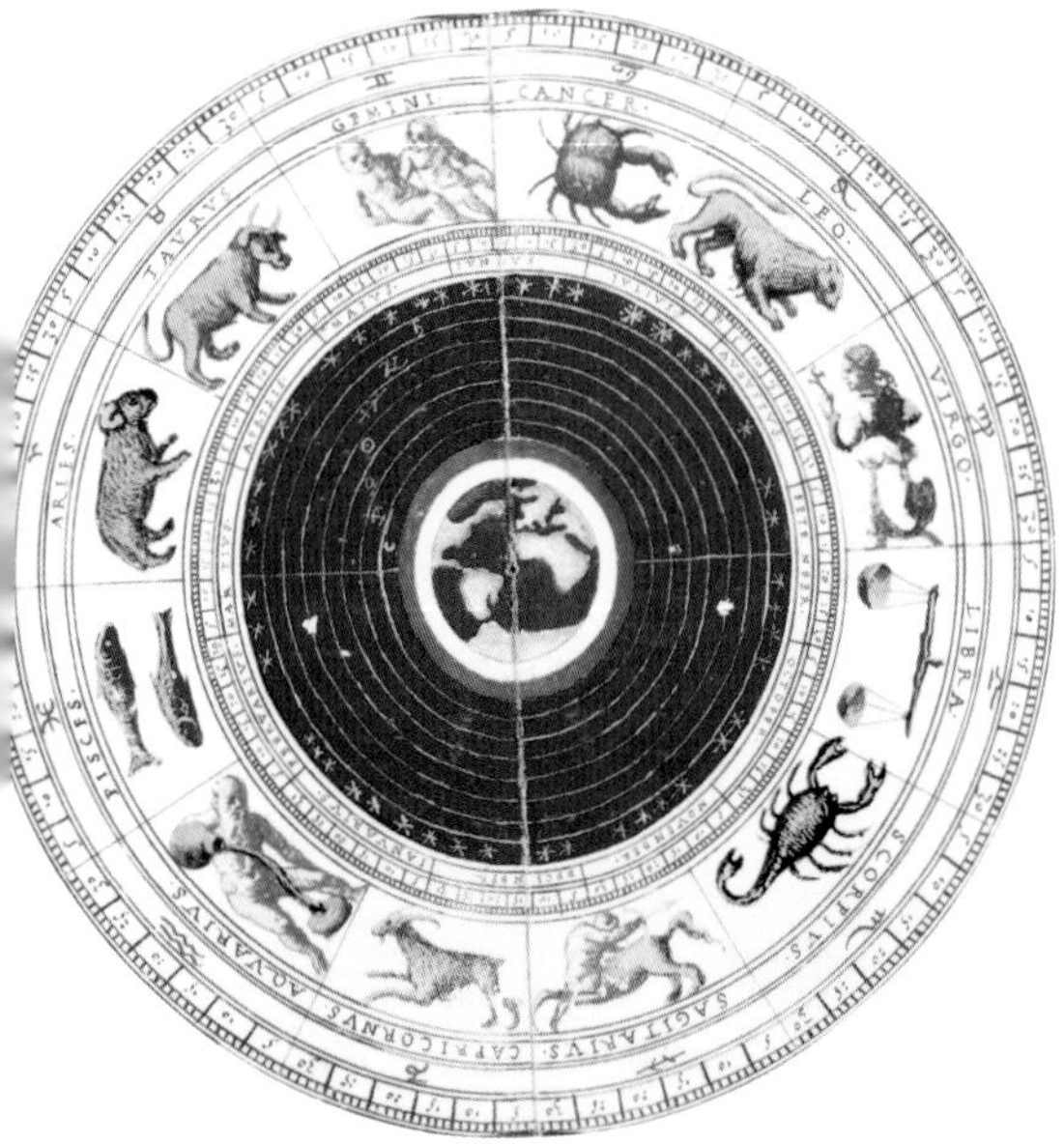


**▲大宇宙と人間**　黄道12宮が全体を取り囲み、その内側に7惑星、中心に地球が位置する。16世紀制作。

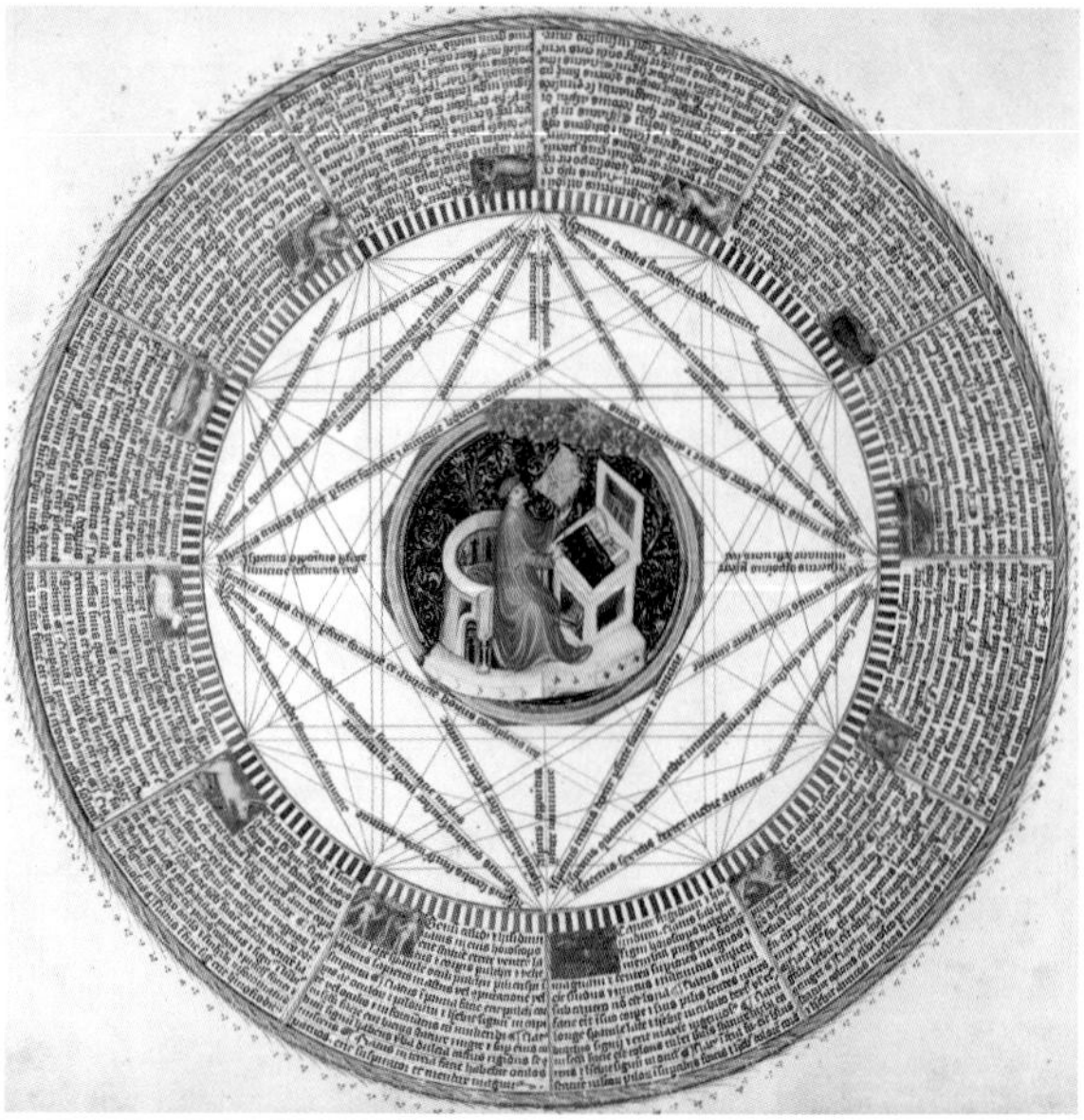

**▲占星術師**　黄道12宮とその意味を探究する占星術師＝数学者の姿は、ジョン・ディーを彷彿とさせる。数学は、音楽・幾何学・建築学・天文学（占星術）の中核的学問である。

**▼太陽中心の宇宙**　コペルニクスは、地球は自転しながら太陽の周りを回転するという地動説を提唱したが、占星術を信じていた。木星には衛星が描かれ、外側の円には黄道12宮が描かれている。16世紀制作。

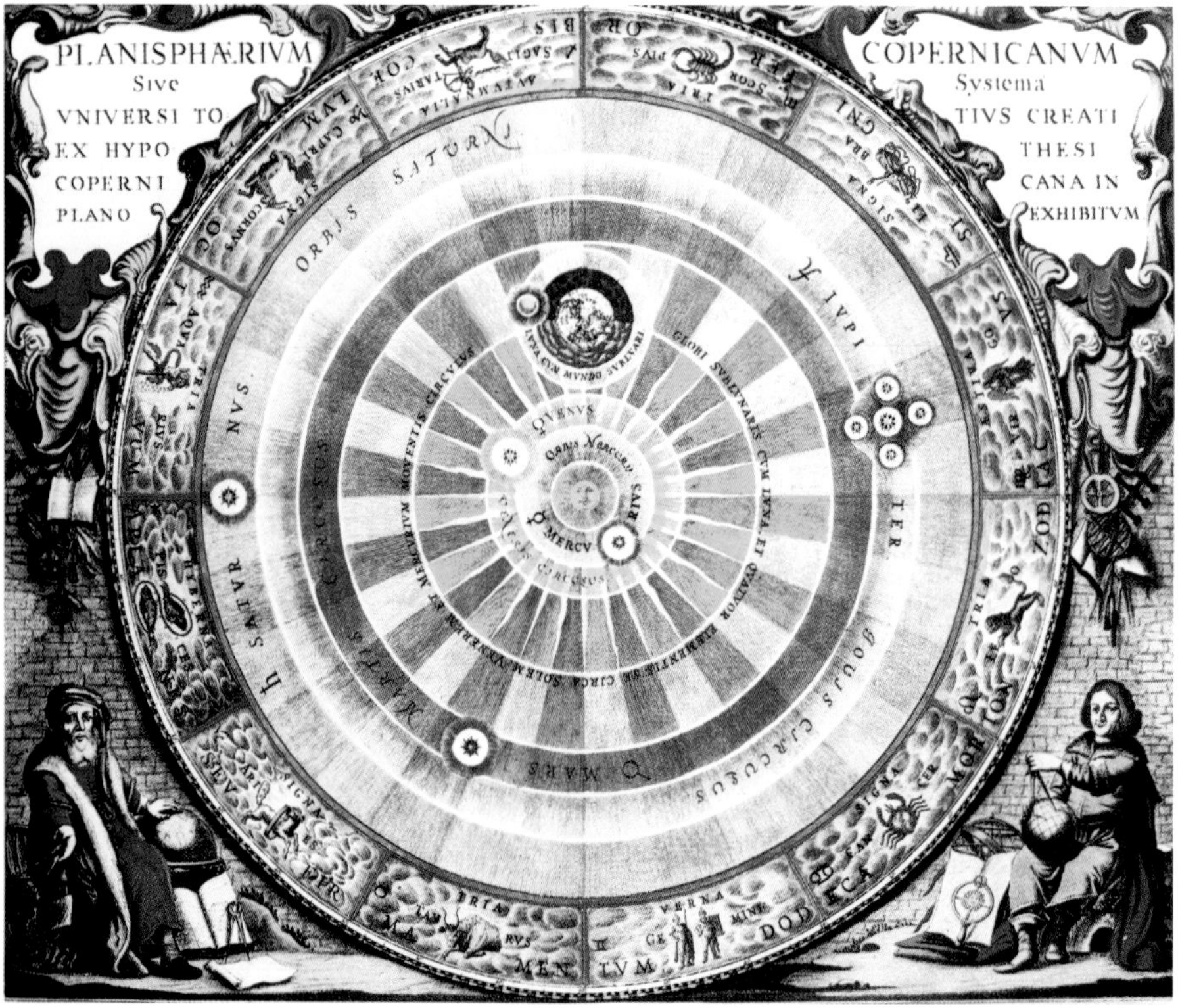

ない場合である。物理学の公式の場合、それが仮にかなり難解な公式であっても、物理学を学んだ者が手順を踏んで解読していくと、最後には共通の意味内容に到達することができるようになっている。ところが錬金術の場合には、一つの解に到達する仕組みにはなっておらず、自由な解釈は許されるにしても、最終的な意味内容には到達できないようになっている。その点において、錬金術の記号の解釈は、最終的な意味を開示することのない「詩」あるいは「曼荼羅」の解釈に似ているといえる。

ヨーロッパ錬金術は、占星術とともにルネサンス魔術の一部門として位置づけられており、錬金術と占星術とは不可分の関係にある。占星術と錬金術はともに、天体と

**▲ドラゴンとメルクリウス**　マンリー・ホールの『薔薇十字写本』に収録された図版であり、3つの頭をもつドラゴン（「渾沌」）から賢者の水銀が生まれる場面である。賢者の水銀は、十字の上に太陽と月がのり、そこから薔薇と百合が育っているという形で表わされている。ドラゴンは自らの尾を飲み込んでおり、生と死の循環を示している。

**▼右・宇宙卵の象徴**　マイアー『逃げるアタランテ』では、兵士（火星を象徴）がテーブルにおかれた卵の上に剣を振り上げている。剣は内なる火（炎）であり、左側の炉が表わす外なる火と対比される。卵からは、揮発性の鳥も不揮発性の蛇も生まれる。密封されたフラスコは、「ヘルメスの卵」あるいは賢者の卵と呼ばれる。

**▼左・宇宙卵**　ディーの『象形文字の単子』所収の宇宙卵。月は土星・木星・水星とともに1つのグループ（卵白に相当）を形成し、太陽は火星・金星とともにもう1つのグループ（卵黄に相当）を形成している。水星の記号は、旧記号で示されている。

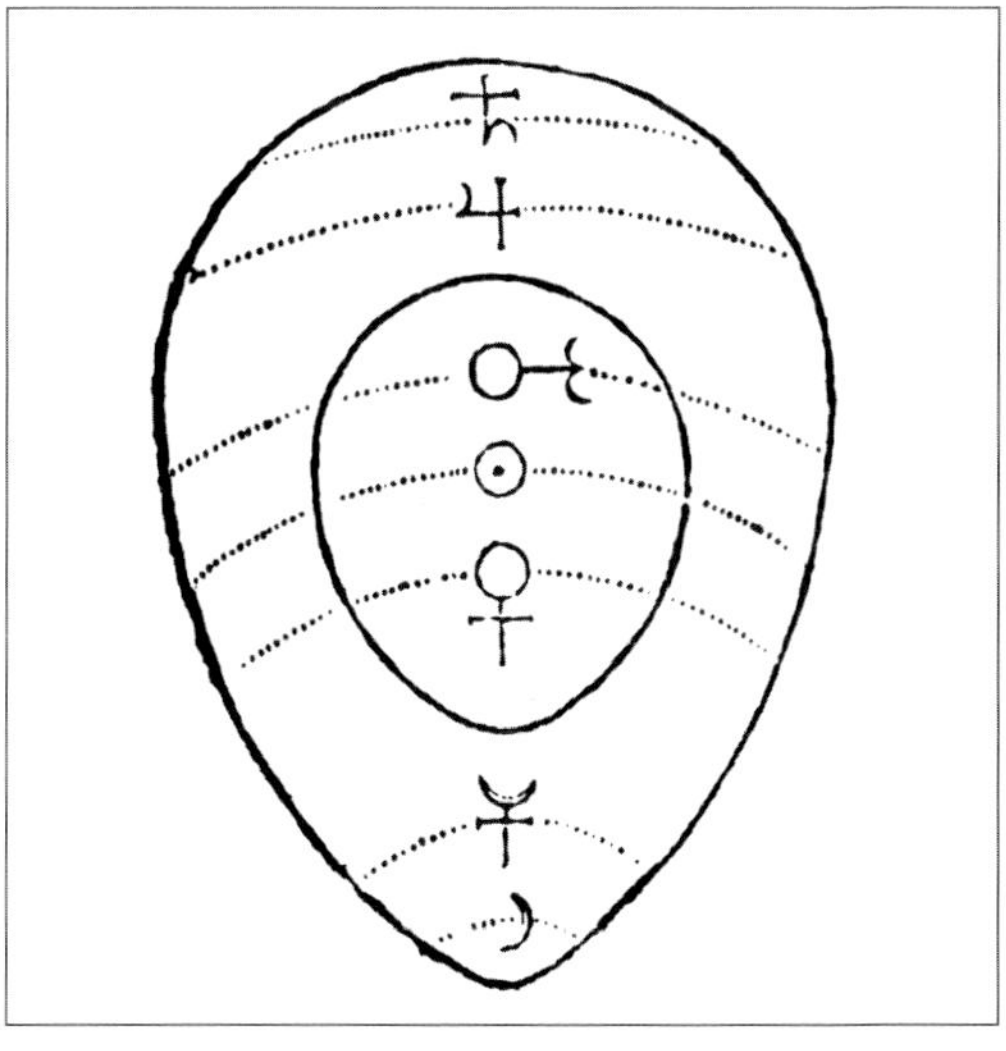

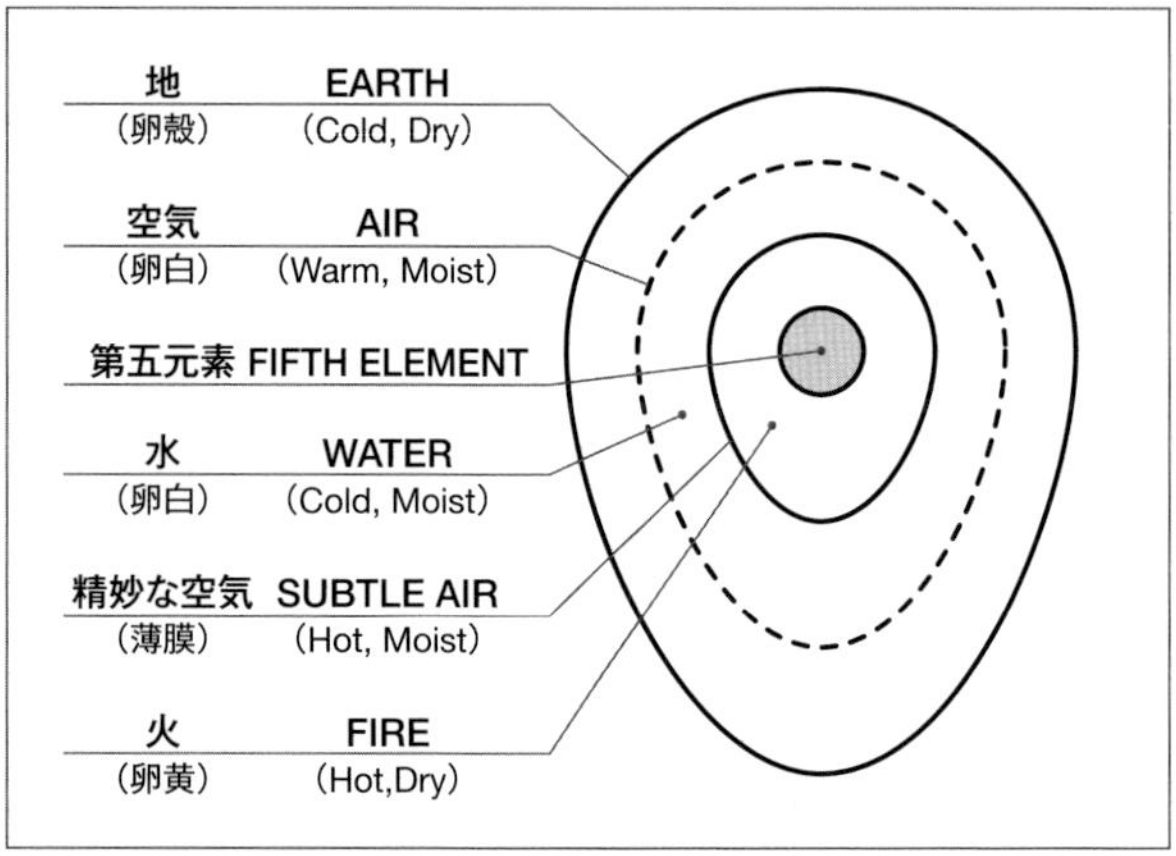


**▲宇宙卵の構造**　『賢者の群れ』所収の宇宙卵。外側から、地（卵殻）、空気（卵白）、水（卵白）、精妙な空気（薄膜）、火（卵黄）、第五元素（生命霊気）と続く。

地上との照応関係に特別の関心を寄せていた。天体（天使）は地上に影響力を及ぼすだけでなく、地上からも、単純化された錬金術の記号を通して天空（天使）に作用することができると考えられていた。

　占星術と錬金術を統合する記号としてもっとも著名なものは、ジョン・ディーの考案した記号、「象形文字の単子（monas hieroglyphica）」である。象形文字とは、事物の形を文字化したものであり、古代エジプトで使用されたヒエログリフ、すなわち神聖文字を指す。単子（モナス、モナド）は、「エメラルド板」の中心主題である「一なるもの」を指しており、象形文字の単子は、宇宙霊あるいは生命霊気に関わる秘密を象形文字の記号で示したものという意味である。

「象形文字の単子」を構成する半円、円、十字、連結半円は、それぞれ月、太陽、月下界（四大元素）、白羊宮（火）を表わしている。太陽は円と点、月は半円、金星は円と十字（下向き）、木星は十字と半円（横軸の左）、土星も十字と半円（縦軸の下）で表わすことができる。太陽のなかの点は地球を表わしており、この地球を中心にして太陽と月など惑星が回転する。また、火星は現在のでは円と矢から成る記号で表わされることがふつうとなっているが、初期においては円と十字（上向き）の記号（♁）が用いられていた。火星と金星は太陽をはさんで対照的な位置にあるために、十字が円の上（火星）にあるか下（金星）にあるかによって区別されていた。しかし、両者の記号は紛らわしく、徐々に火星の記号が円と矢の記号（♂）に変わり、円と十字（上向き）の記号はアンチモン（♁）を指すようになる。七惑星のなかでもっとも重要なものは水星の記号であり、上から半円、円、十字から成っている。「象形文字の単子」は、この水銀の記号に白羊宮の記号を加えたものであり、大宇宙と小宇宙の謎を解く鍵というだけではなく、実際に宇宙霊（生命霊気）を地上に引き降ろす力を内に秘めた超自然的な象徴と考えられたのである。

「象形文字の単子」において支配的な惑星は太陽と月である。月は、土星・木星・水星とともに一つのグループを形成しており、その記号はいずれも半円と十字から構成されている。この場合の水星は、十字の上に半円（☿）である。月の性質は、土星・木星・月・水星の順で濃密になっていき、錬金作業においては「白化」の作業を示している。一方、太陽は火星・金星とともにもう一つのグループを形成しており、その記号は円と十字から成る。太陽の性質は、火星・金星・太陽の順で濃密になっていき、錬金作業においては「赤化」の作業を示している。その月の性質と太陽の性質は結合して一体化すると、伝統的な水星の記号を基にした「象形文字の単子」の記号となり、錬金術的には賢者の水銀と呼ばれる。

　ディーは、月と太陽のグループを卵（楕円）のかたちに一括して示していた。卵からは四大元素が生まれるが、「象形文字の単子」は、そこから万物が誕生するプリマ・マテリアあるいは賢者の石の役割も担っている。錬金術と占星術との結合は、七惑星が土星から螺旋状に上昇して太陽に至るかたちでも示される。錬金作業を進めるうえで火は不可欠の要素であり、「象形文字の単子」の下部の連結半円は、黄道一二宮のなかで火を象徴する白羊宮を示している。卵形はフラスコを想起させるが、密封されたフラスコは、「ヘルメスの卵」あるいは賢者の卵と呼ばれる。

　宇宙卵とは、生物が卵から発生して生長するように、宇宙全体を生み出す根源としての卵という想定のもとに登場した象徴である。『クリスチャン・ローゼンクロイツの化学の結婚』では、鳥が卵から孵化して、ホムンクルスが創造される。サロモン・トリスモシンの『太陽の輝き』やマイアーの『逃げるアタランテ』にも「卵」が登場する。トリスモシンの場合には、両性具有者が左手に賢者の卵、右手に卵の構造を示す盾のようなものをもっている（一五ページ参照）。マイアーの場合には、兵士が長方形のテーブルにおかれた卵を前にして剣を振りかざしている。兵士の守護神は軍神マルスであり、マルスは火星と関連づけられる。兵士のもつ剣は、天空界の神聖な火を表わしており、左側に描かれた炉で燃える外なる火と対比される。卵からは揮発性の鳥も不揮発性の蛇も生まれることから、万物の創造の根源、すなわちプリマ・マテリアを表わしている。

## 3∵調和する宇宙

### 天地創造と錬金術

　福永光司の『道教と古代日本』によると、『古事記』における天地創造の描写は中国錬金術のイメージを背景としており、「国稚く浮かべる脂の如くして、くらげなすただよへる時に、葦牙の如く萌え騰る物に因りて成りませる神」という記述は、「数種類の金属性の鉱物を溶鉱炉にたたえた水の中に入れて、高熱を加えると脂状になる」状態を描いたものであるという。「くらげ（水母）」は、海の軟体動物であると同時に錬金術の水銀を指す言葉である。錬金術では「黄色い結晶物を黄牙すなわち黄色い葦牙」と呼んでいることから、「葦牙」もまた錬金術に結びつく用語である。現在のところきわめて限られている古代日本の錬金術に関する文献が、天地創造と錬金術を結びつけている点は興味深いといえる。日本の場合には、その後、天地創造という問題が思想史の中心的な主題として発展していくことはなかったが、ヨーロッパにおいてこの問題は、神学・哲学・文学・芸術などの分野におけるもっとも重要な主題の一つとして位置づけられていった。錬金術もまたその例外ではない。

　キリスト教化されたヨーロッパ錬金術の特徴として、その理論の根拠を『聖書』に求めようとする点を挙げることができる。とくに「創世記」の冒頭における天地創造の叙述は、錬金術的な解釈が可能であるという立場をとっている。「創世記」第一章は、神による天地創造の七日を次のように述べている。天地創造以前には「地は渾沌であって、闇が深淵の面にあり、神の霊が水の面を動いていた」。第一日、神の「光あれ」という言葉とともに光が現われて、闇と光が分けられる。第二日に神は「水の中に大空あれ。水と水を分けよ」という言葉とともに、大空の下の水と大空の上の水が分離する。第三日に神は、大空の下の水を集めて海とする。乾いた部分は地となり、そこには植物が芽生える。第四日には太陽、月、星辰、第五日には魚、鳥、第六日には獣が造られる。第六日は、神の姿に似せて人間が造られる。

　六日間の天地創造により生まれた自然には、神の意思が刻印されている。錬金術師は、この天地創造の過程を「無形の物質の最初の状態」たる第一質料（プリマ・マテリア）から四大元素が分離していく過程と捉え、それを実験室の小さな容器において再現しようとした。天地創造を再現すると

# 天地創造

## ロバート・フラッド『両宇宙誌＝大宇宙誌』より

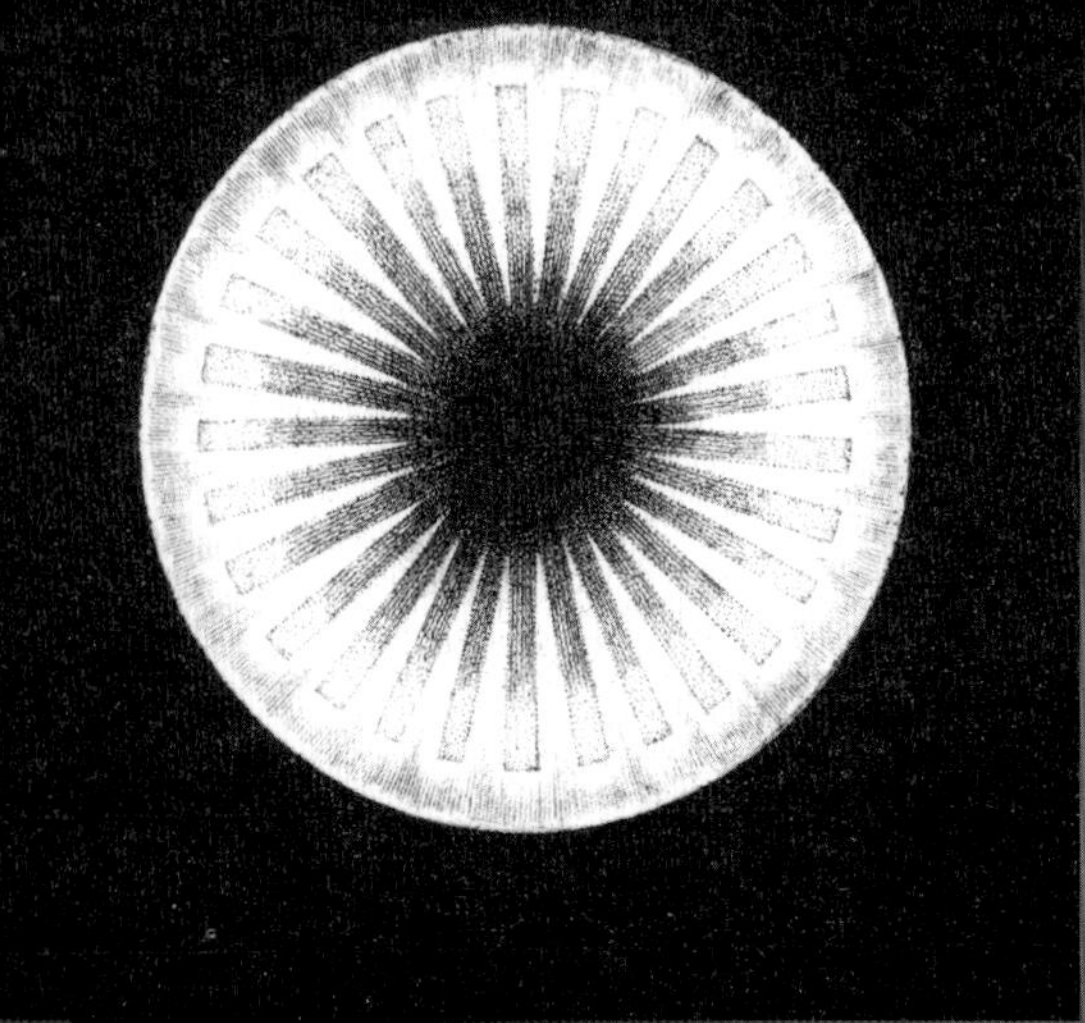

▲**b）光の創造**　第1日に創造された光であり、神の「光あれ」という「言葉」とともに出現する。神の言葉は「天使の叡知」、そして「人間の理性」に反映される。

▲**a）大いなる暗闇**　神による創造以前に存在した「暗闇」。自らは創造されず、自ら存在することのできる神の霊である。錬金術的にいえば、黒化（ニグレド）の段階を意味する。ロシア・アヴァンギャルドの画家カジミール・マレーヴィチによるシュプレマティスムの作品「黒の正方形」（1915年）を想起させる。図aから図qまでは、フラッド『両宇宙誌＝大宇宙誌』による。

▲**d）地・水・空気・火**　「四大元素の渾沌」であり、「下の水」が攪拌されて塊状物質となる。四大元素すなわち地・水・空気・火が互いに争う。

▲**c）水の分離**　大空の下の水と大空の上の水が分かれる。「上の水」（周辺部の明るい部分）と「下の水」（中央の受動的な暗い雲）の中間には、明るい雲が現われる。

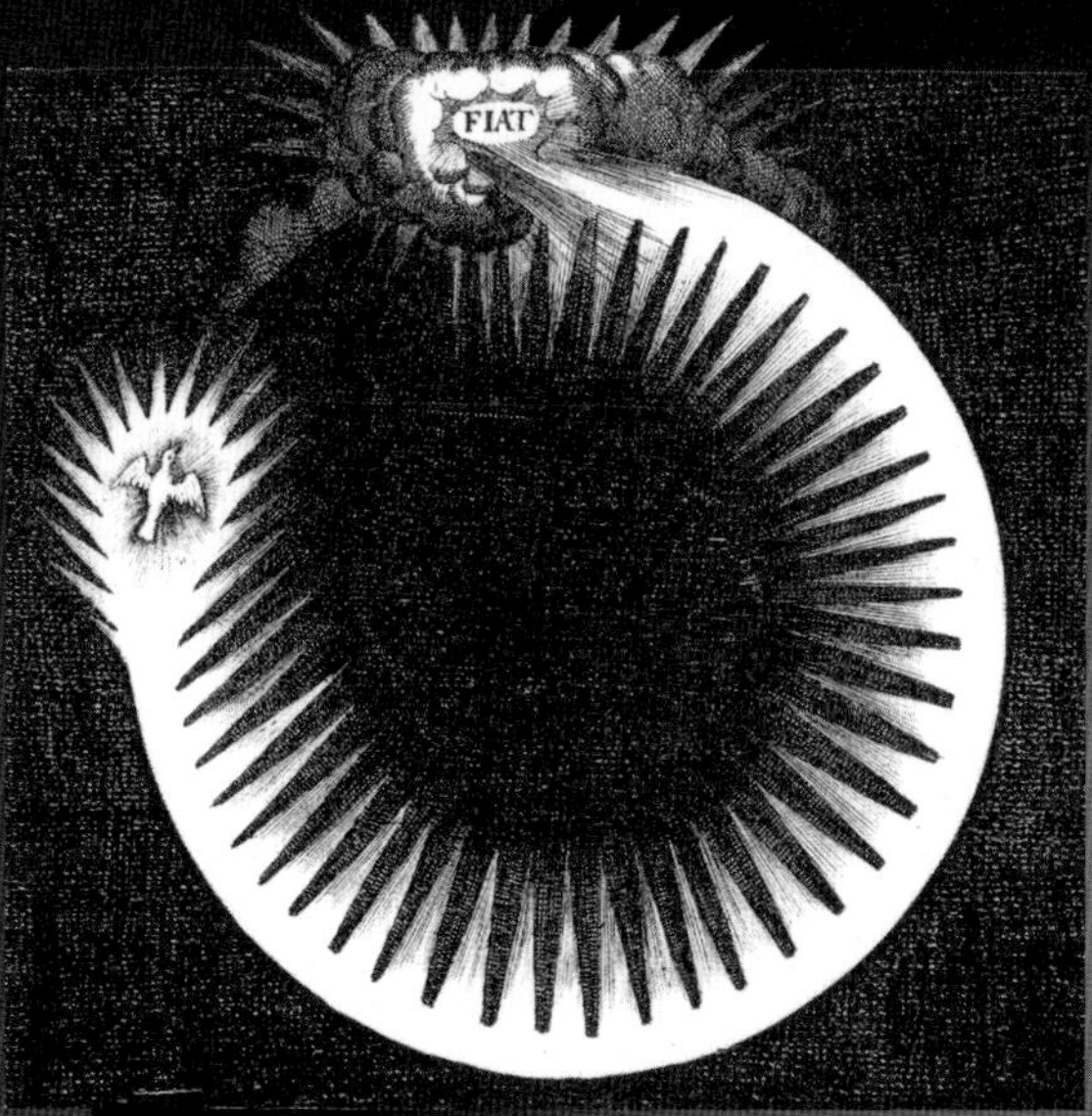


**▲f）「光あれ」**「光あれ」の場面から、天地創造の第2の局面が始まる。第1日には「人間の眼には見えず、知性によってのみ知覚される」最高天すなわち天使界が創造される。第3日には「下の水」が元素界として現われる。

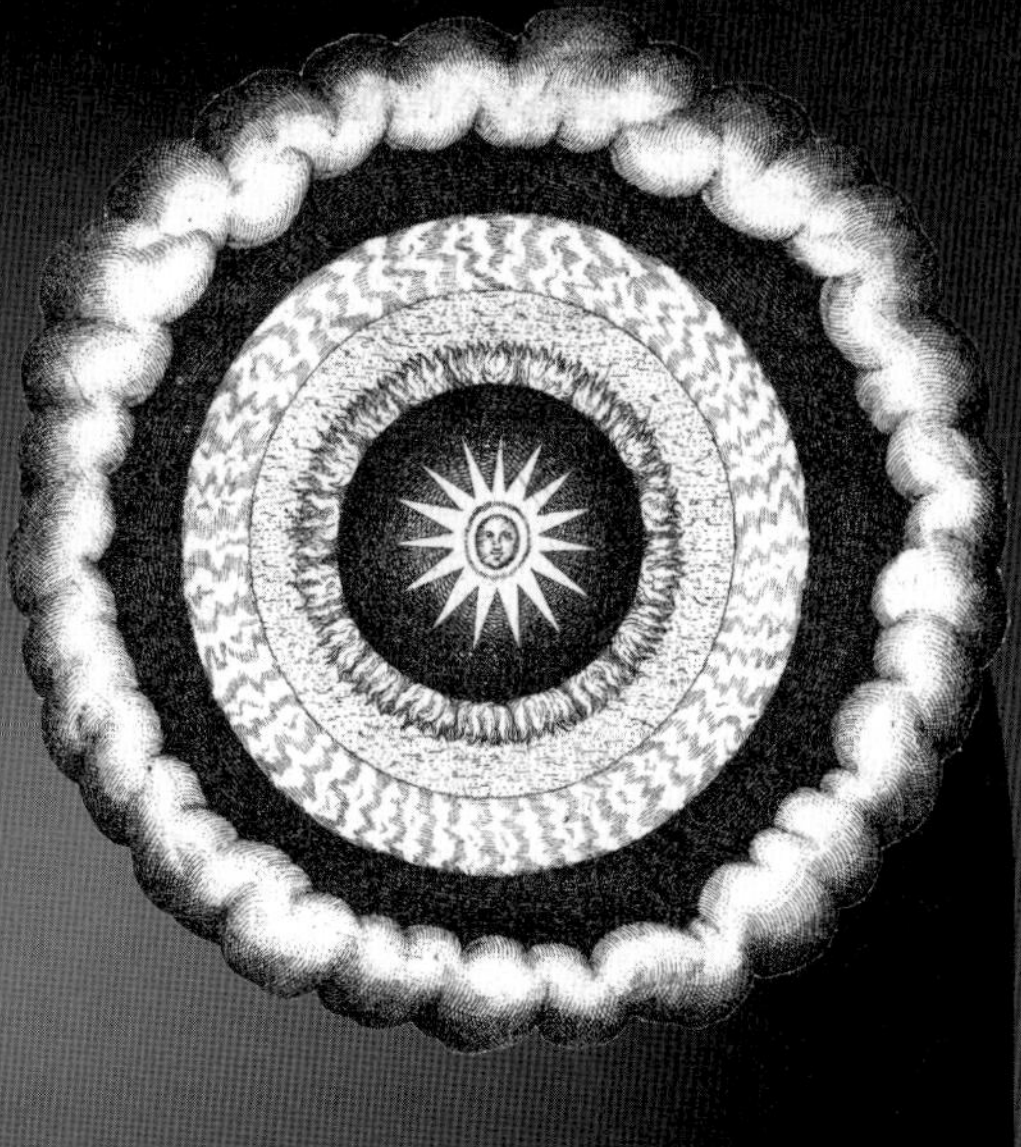

**▲e）中心の太陽**　渾沌が落ち着くと、四大元素はそれぞれの領域に地・水・空気・火の順序で並び、中心に太陽が現われる。太陽が創造の最初の時点において天空ではなく、宇宙の中心におかれていたことに注意すべきである。

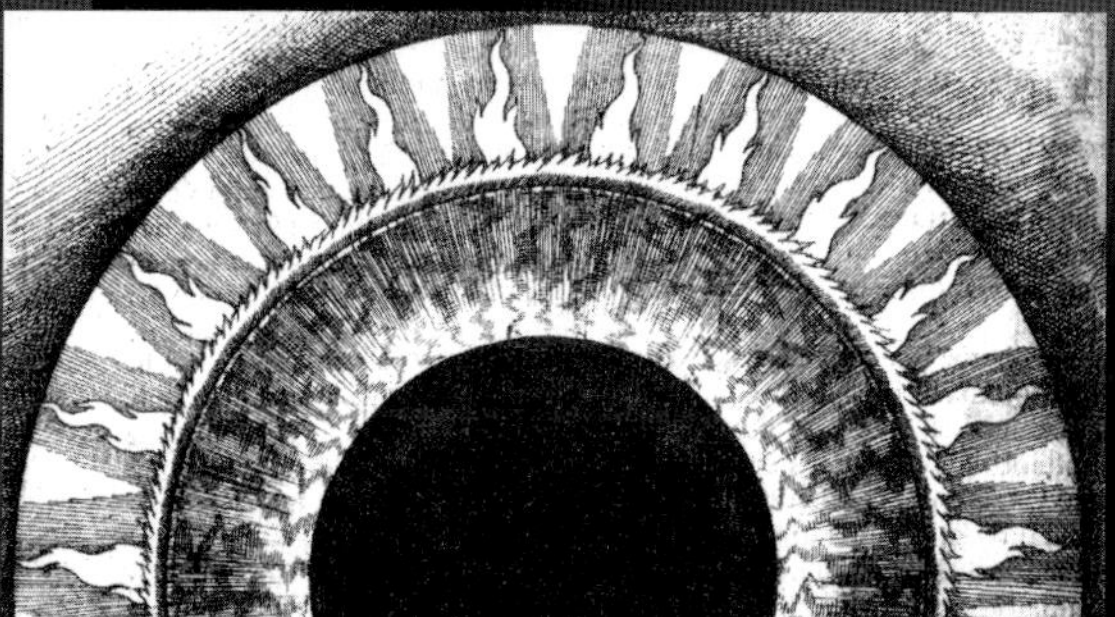

**▲h）エーテル天**　創造の第2日に、恒星と惑星の天球すなわちエーテル天が造られる。エーテルは第五元素でもあり、月下界の四大元素とは異なり、変化と腐敗を免れている。

**▲g）最高天**　第2日には「上の水」（最高天）と「下の水」に分かれ、中間にエーテル天が出現する。最高天が中央の黒い虚空を取り囲んでいる。「神の霊」は、鏡のように最高天に反映する。

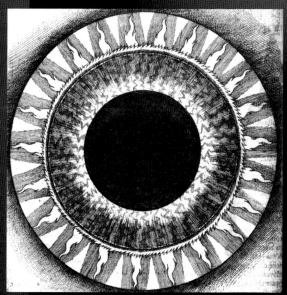

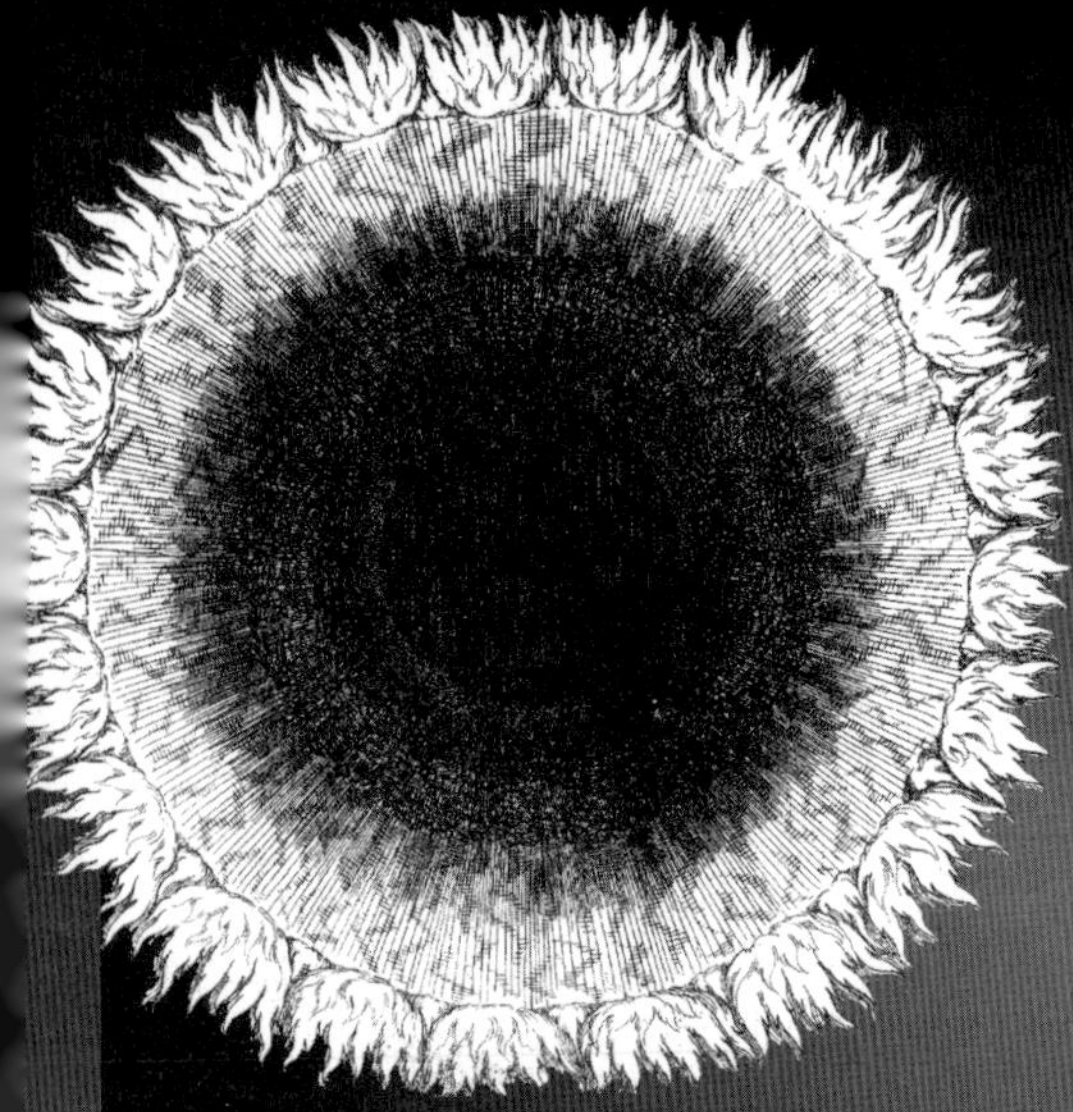

**▲j）四大元素（地）の創造**　四大元素の地の天球が創造される。

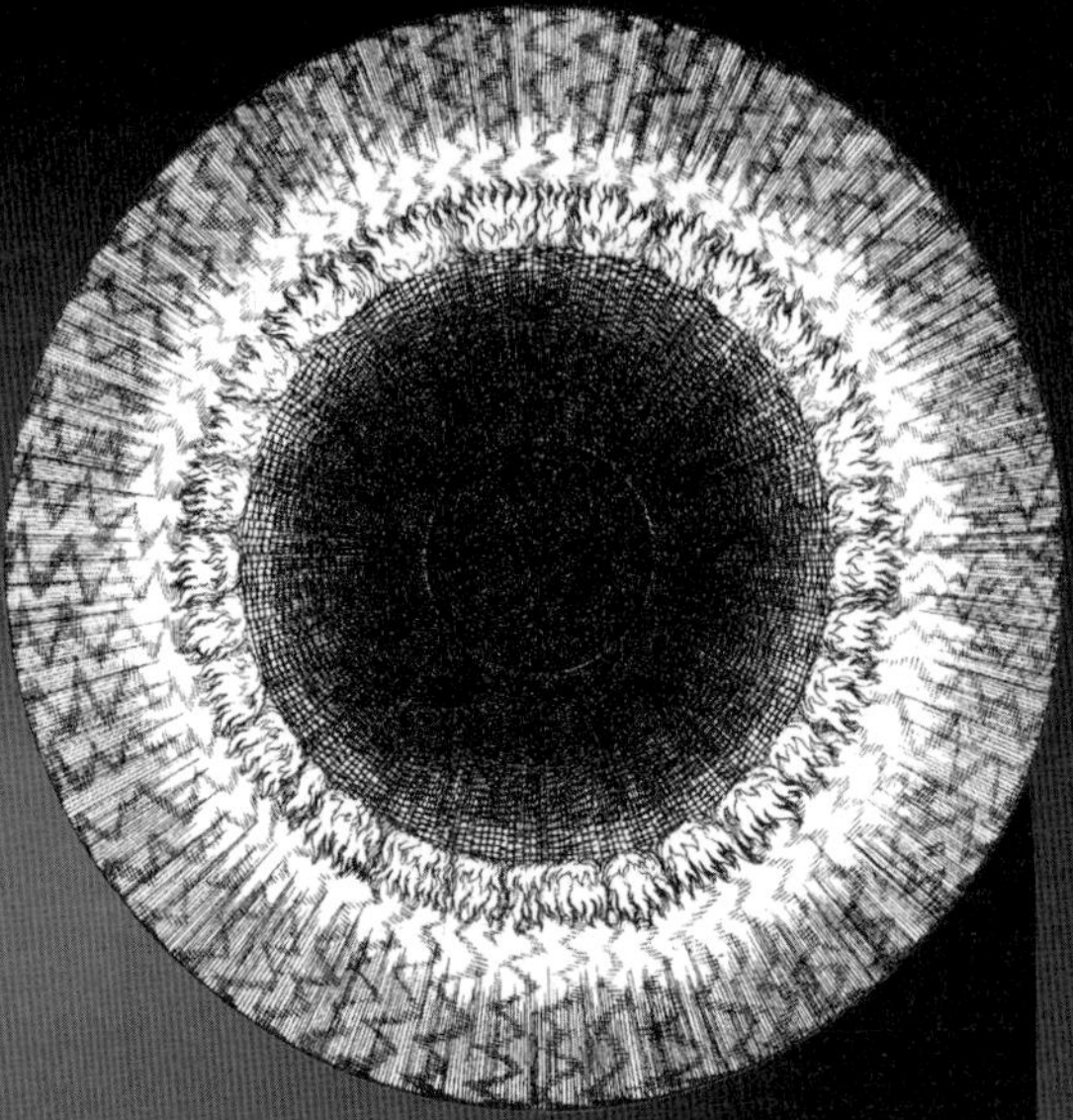

**▲i）四大元素（火）の創造**　四大元素の火の天球が創造される。

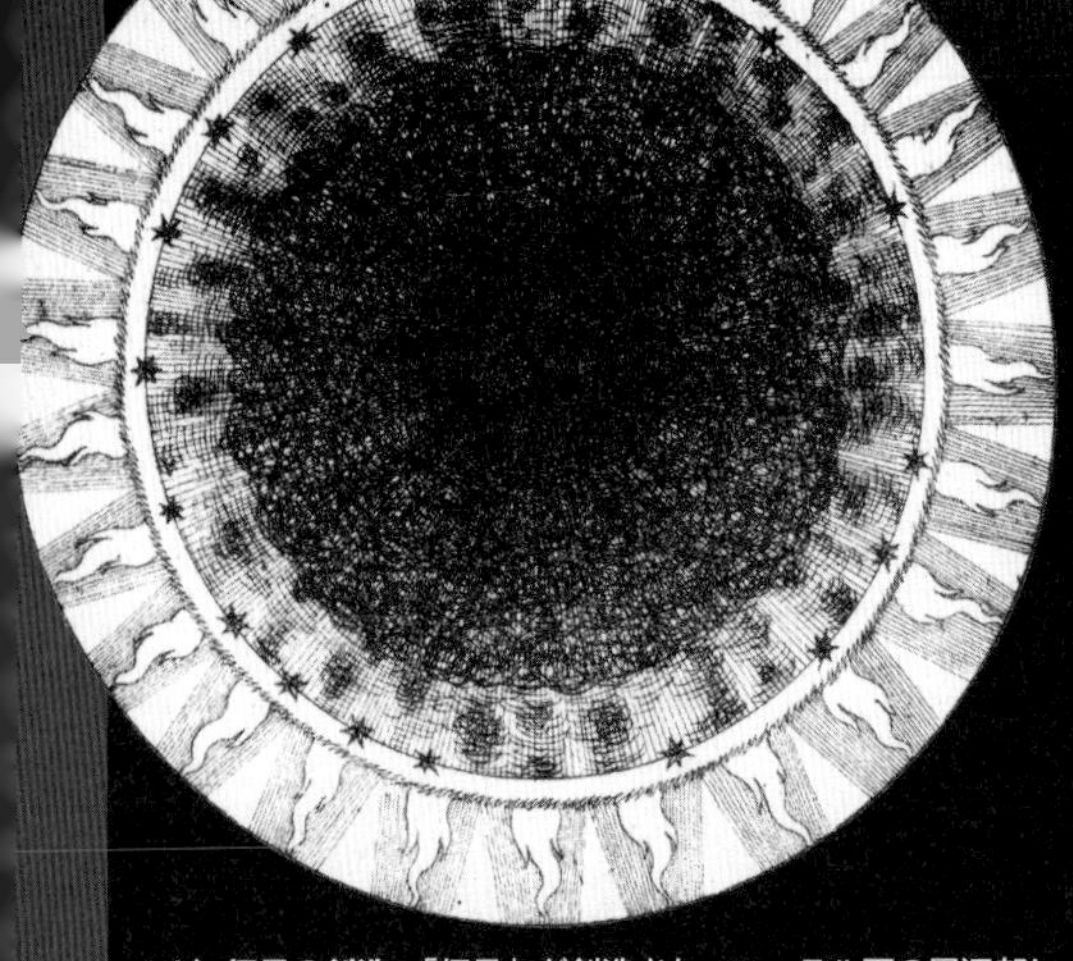

**▲l）恒星の創造**　「恒星」が創造され、エーテル天の周辺部に配置される

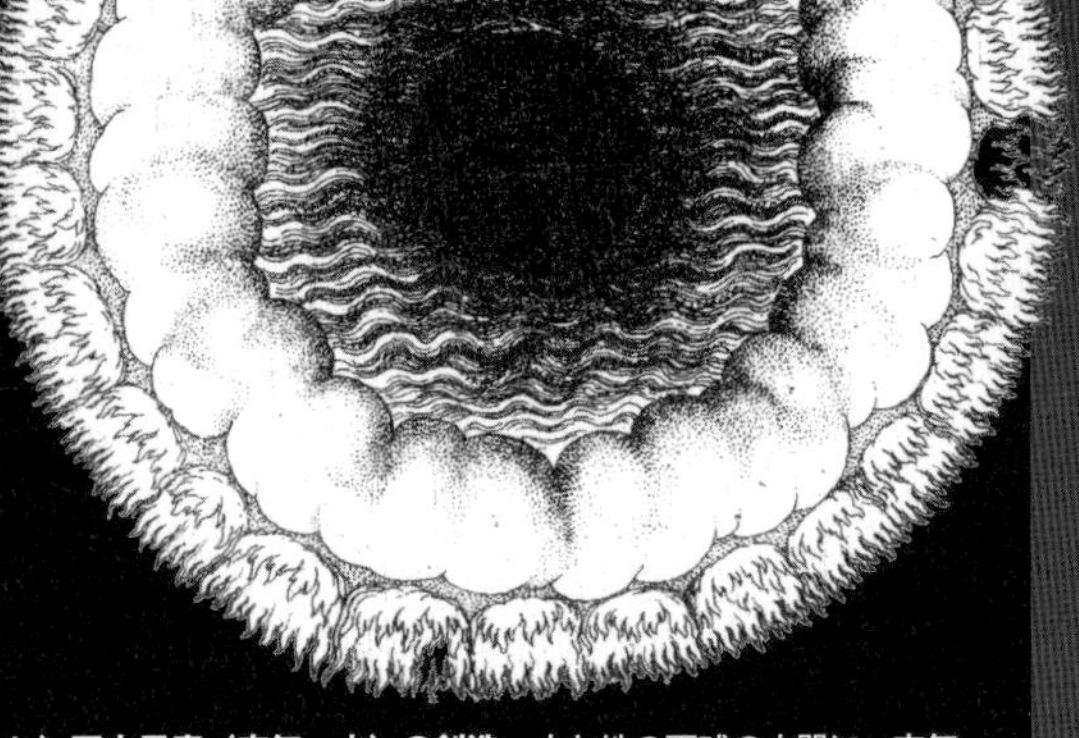

**▲k）四大元素（空気・水）の創造**　火と地の天球の中間に、空気・水の天球が配置される。

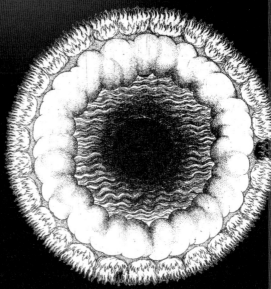

## マリリン・トールド・ミー

山内マリコ

上京直後にコロナ禍に見舞われた大学生・瀬戸杏奈。孤独を募らせる彼女のもとに、ある夜、伝説の大女優から電話がかかってきて――。

▼一八七〇円

## ルーマーズ　俗

堂場瞬一

人気俳優の不可解な死。マスコミのスクープ合戦、SNSに溢れる噂話（ルーマーズ）……無法地帯のメディアを舞台に贈る最新長編！

▼一九八〇円

## 実録・苦海浄土

米本浩二

一九六五年、水俣病再浮上と石牟礼道子・渡辺京二の出会いは社会と文学が交わる大渦へ転じていく。『苦海浄土』誕生に迫るノンフィクション。

▼二七五〇円

## 老いの贅沢

曾野綾子

老後、残された時間は贅沢品。人生の無駄を捨て、一番大切なものに時間をかける――。前向きで豊かな老後を楽しむための名言の数々！

▼一三二〇円

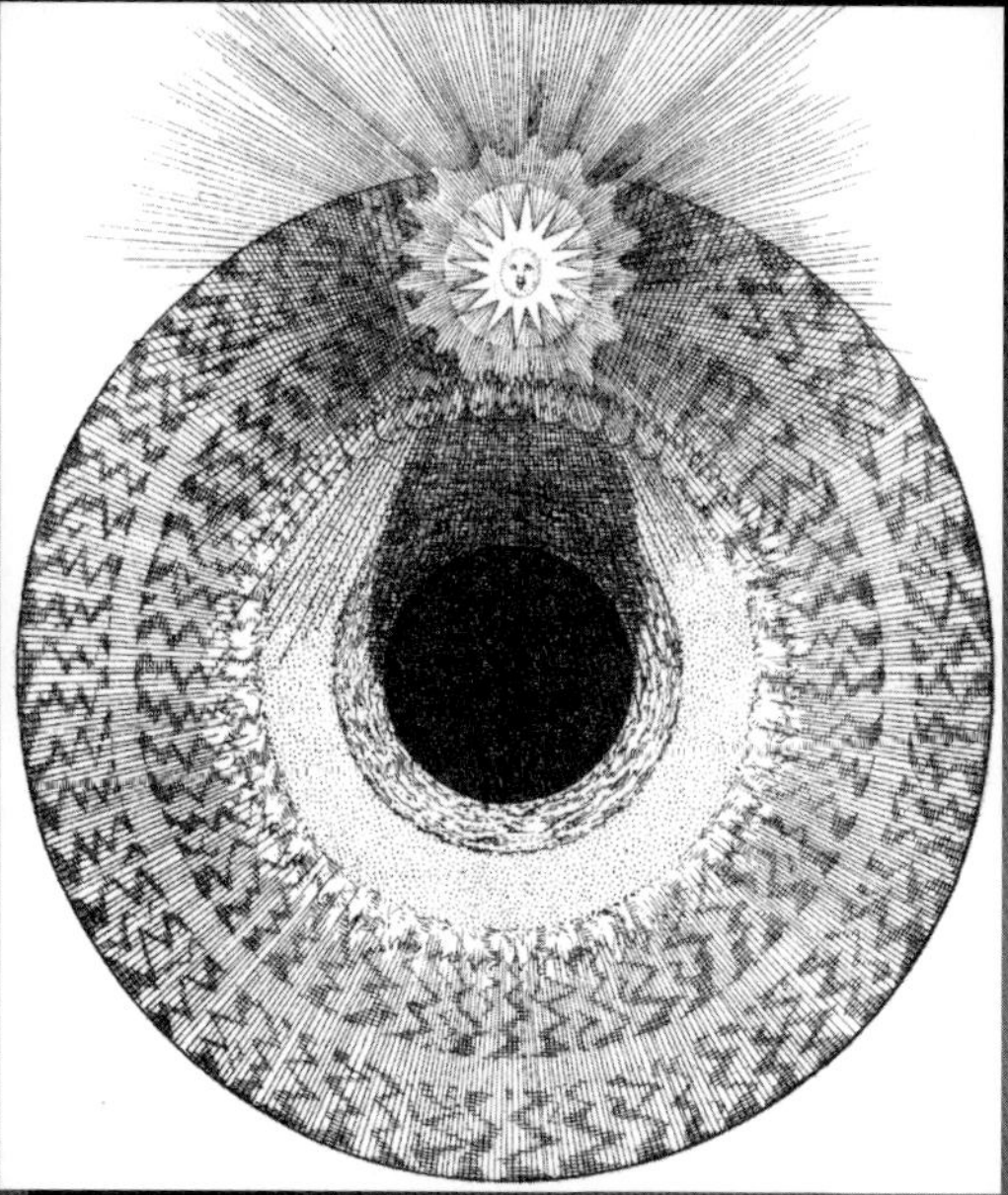

**▲n）エーテル天の太陽**　上昇していく太陽は、「創造された光」として「光に満ちた天には濃密すぎ、地球には希薄すぎる」ために、両者の中間すなわちエーテル天の中心に留まる。

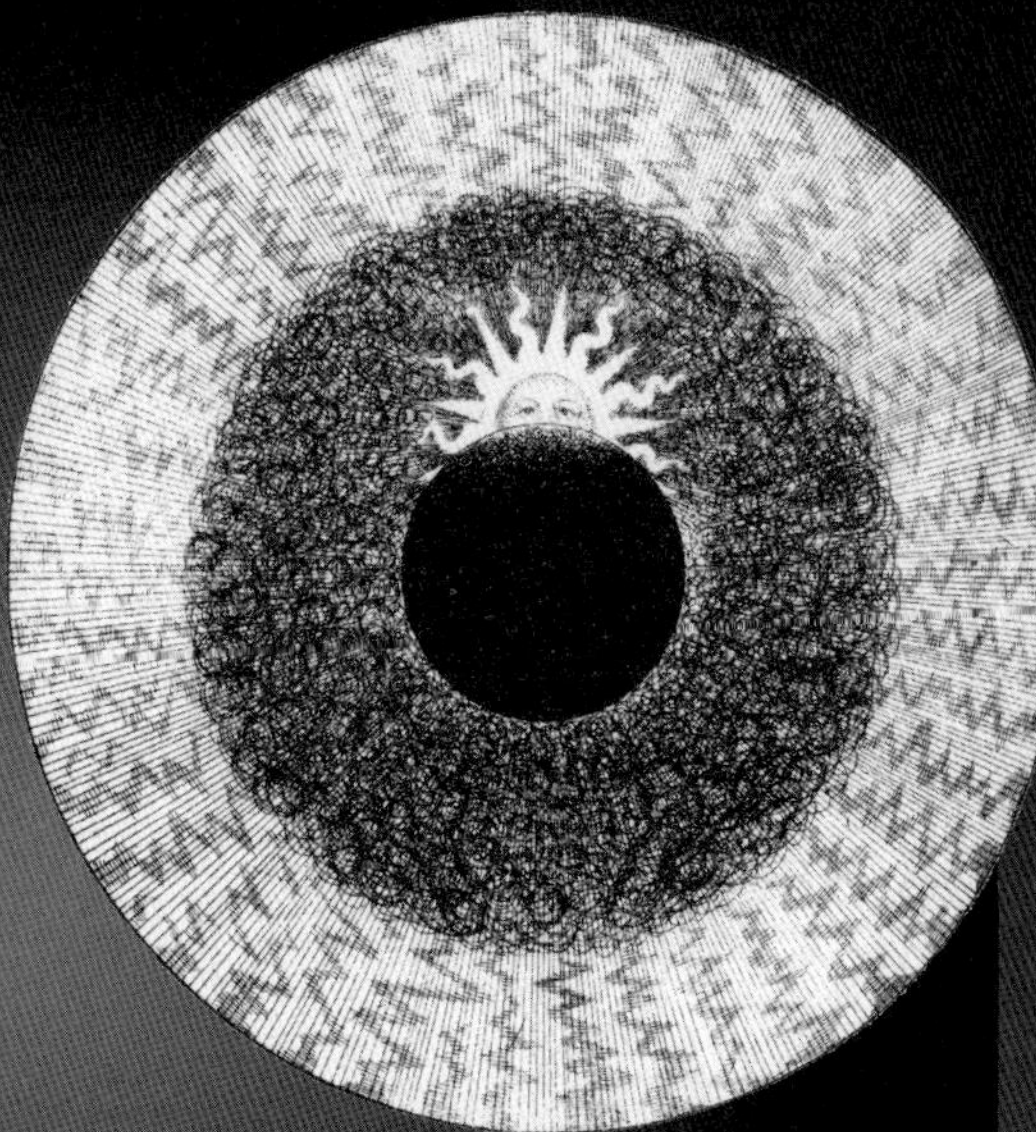

**▲m）太陽の上昇**　恒星に続いて太陽の出現する場面。天上の光の一部が中心の地球に閉じ込められるが、創造の第４日にその光は上昇して太陽となる。

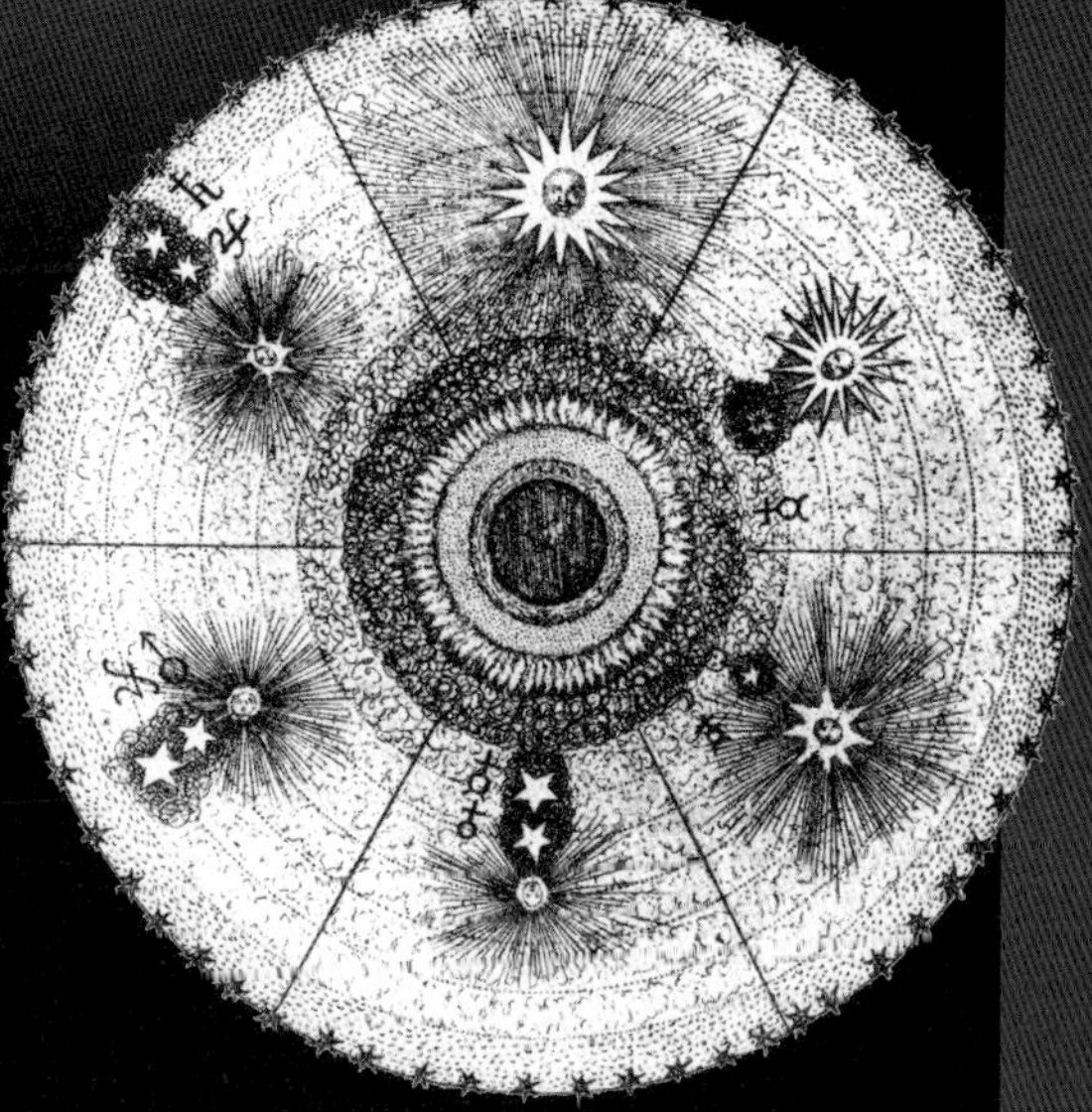

**▲o）惑星の配置**　太陽の位置が決まると、惑星の軌道が定まる。恒星から土星・木星・火星・太陽・金星・水星が順に配置され、エーテル天の全体が示される。

いうことは、錬金術師が宇宙の秘鍵の一部を知るということであり、神と同じように自らの望む物質を再創造することができるということである。

パラケルスス派の医師・錬金術師であったロバート・フラッドは、大地創造は第一質料から創造されたと見ており、それを『両宇宙誌＝大宇宙誌』（一六一七年）において黒一色の図版で示している（ジョスリン・ゴドウィン『交響するイコン』を参照）。図版aは「大いなる暗闇」、すなわち神による創造以前に存在した「暗闇」である。水の面をおおっている神の霊であり、自らは創造されず、自ら存在することのできる超自然的な実体である。錬金術的にいえば、黒化（ニグレド）の段階を意味する。図版bは、最初に創造された光、すなわち「天使の叡知、天における生命を付与する力、人間の理性的な魂、下位世界の生命力」である。この「光は、下向きに階梯を降りるにしたがって次第に明るさを減少させていき、事物の完成度は光の量に比例する」と説明されている。図版cは、「水の分離」であり、周辺部の「能動的な愛の火」と呼ばれる部分は「上の水」となり、光から遠い部分（中央の暗い雲）は「下の水」となる。両者のあいだにあるのが「明るい雲」で、これは、霊的な状態と物質的な状態の中間のものであり、「水銀の精気、エーテル、第五元素」などと呼ばれる。図版dは、「四大元素の渾沌」であり、「下の水」は攪拌されて塊状物質となる。四大元素すなわち地・水・空気・火が互いに争う。図版eは「中心の太陽」の創造である。渾沌状態が落ち着くと、四大元素はそれぞれの領域に地・水・空気・火の順序で並び、中心に太陽が現われる。太陽は、創造の初期段階において天空ではなく宇宙の中心におかれていることに注意したい。

　図版fは、「光あれ」という言葉とともに「神の霊」が虚空を一巡すると「光」が出現する、という場面である（ここから第二の図解シリーズが始まる）。その結果、図版gが示すように「最高天」が現われ、中央の黒い虚空を取り囲んでいる。最高天は天使の住処である。図版hは、「神の霊」がもう一度回転してエーテル天が現われる場面である。最高天と中央の黒い部分との中間にあるエーテル天は、具体的には恒星と惑星の空間である。図版i、j、kは「元素の天球」である。図版iは熱・乾の性質をもつ火の天球であり、エーテル天の内側に炎状の輪によって示されている。図版jは冷・乾の性質をもつ地の天球であり、宇宙の暗い球として凝縮する。火と地の天球の中間に、空気（熱・湿）と水（冷・湿）の天球がくる（図版k）。

　図版lは「恒星の天球」であり、エーテ

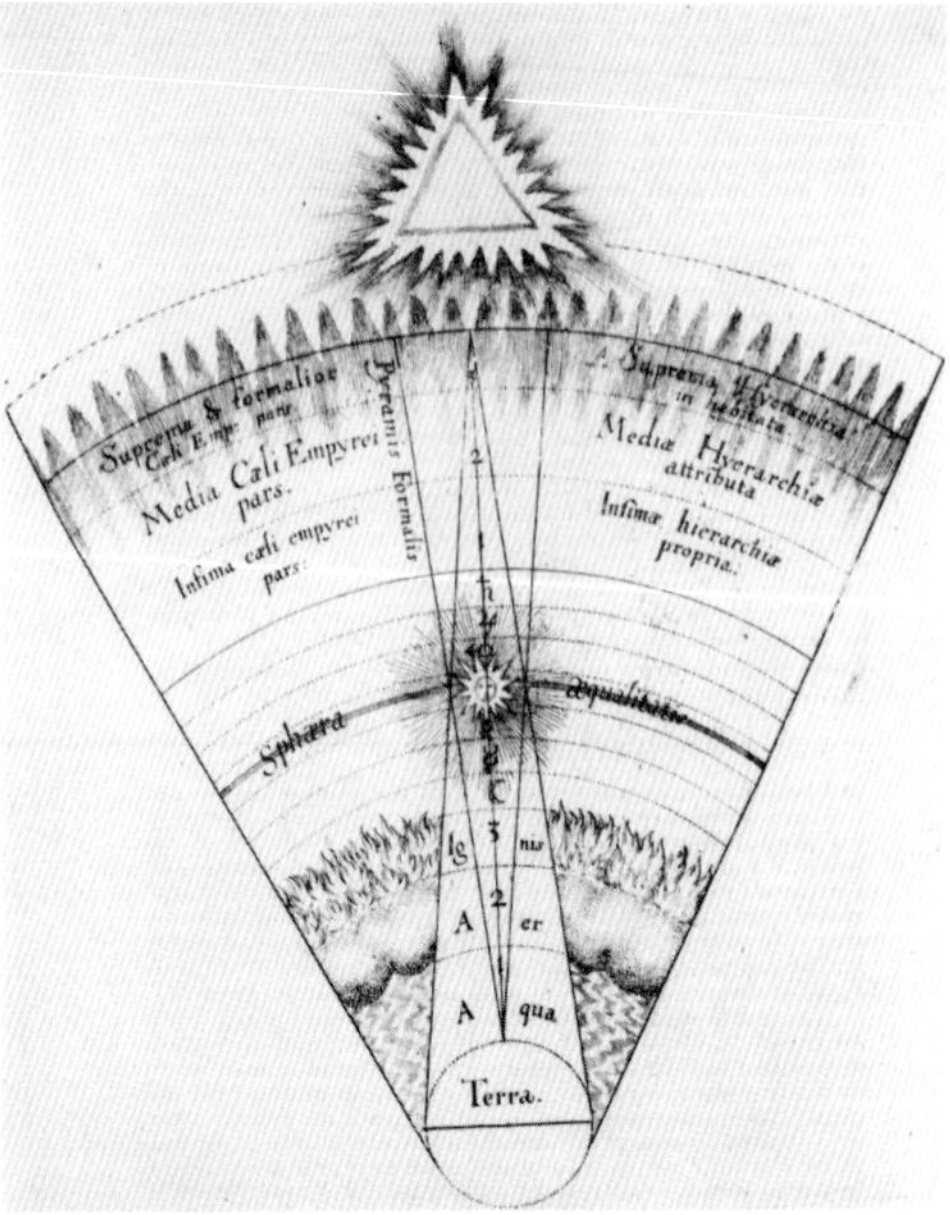


▲**p）形相と質料のピラミッド**　超自然たる神は上方の「正三角形」として示される。最高天、エーテル天、元素界の3領域が階層を成して並ぶ。

▼**q）四大元素のピラミッド**　元素界を詳しく描いたものであり、火・空気の領域と水・地の領域に分けることによって、四大元素における形相と質料の度合いを示している。

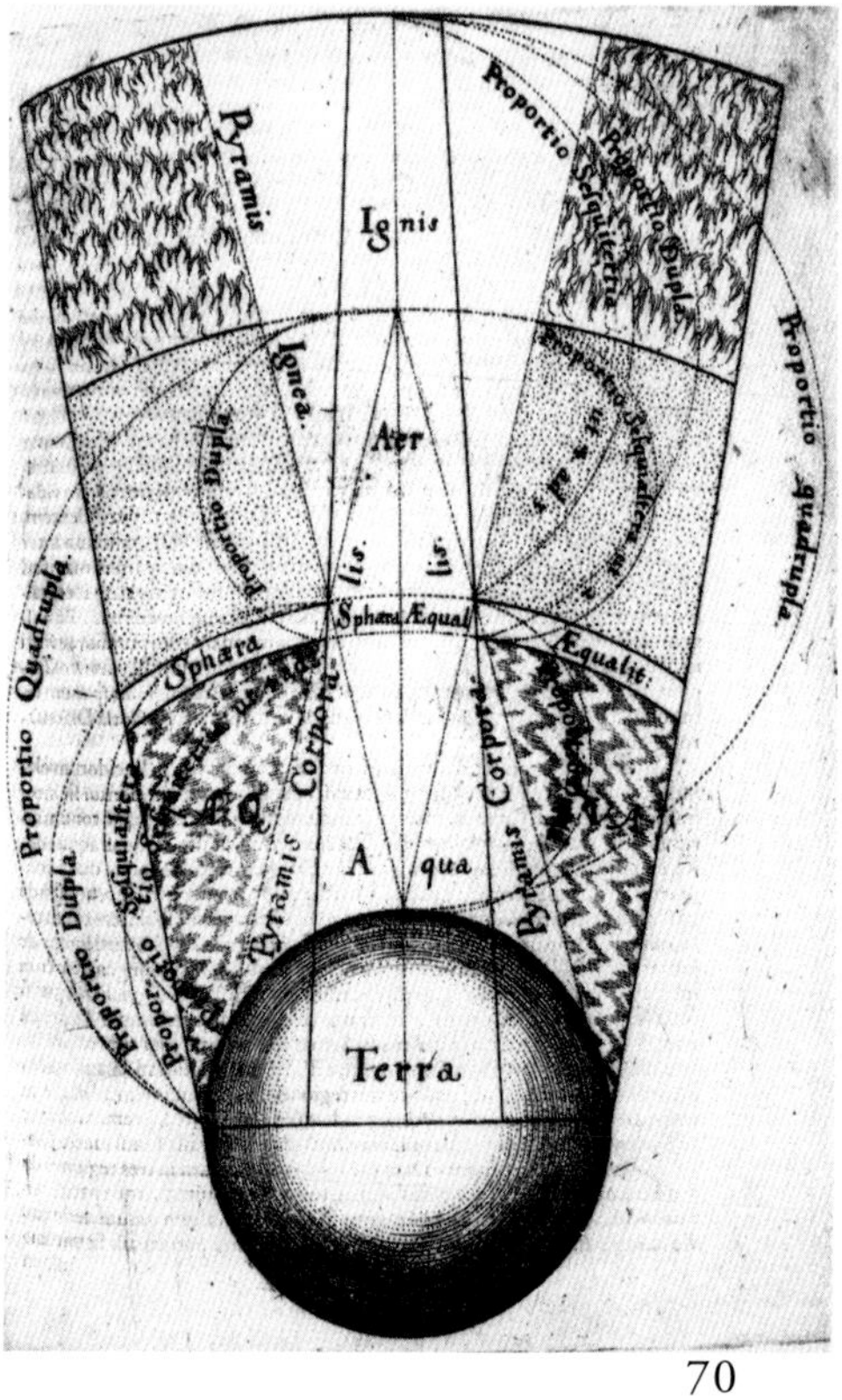

**▲ウイリアム・ブレイクによる天地創造**　「ヨブ記」の水彩画シリーズ。中央で両手を広げている人物は神である。雲を隔てて上方に天使、神の両手の下には4頭の馬に乗る太陽神アポロンと蛇に乗る月神ディアナ、洞窟状の空間にはヨブとその妻、3人の友が見える。天使は最高天、アポロンとディアナは天空界（エーテル天）、ヨブは元素界（月下界）を示している。引用聖句は、「かの時には明けの星は相共に歌い、神の子たちはみな喜び呼ばわった」（「ヨブ記」38：7）である。銅版画版（第14プレート）では左右に、天地創造の6日間の場面が描かれている。下部には原始の海と巨大な蛇がおり、万物が生まれる渾沌（カオス）を示している。

**▲神と対峙するヨブ**　ブレイクの『「ヨブ記」イラスト』（銅版画版、1826年）におけるクライマックスであり、試練を通過したヨブは神と同じ地平で対峙する。フラッドの神は宇宙の彼方にある「正三角形」で象徴されていたのに対して、ブレイクの場合には、ヨブは妻と並んで神を直視している（第17プレート）。ヨブが見ている神は自己自身に内在する神性であり、詩・音楽・絵画・建築などの芸術の根底にある美を直観する想像力を意味している。

ル天のもっとも外側に配置されている。図版eにおいて地の天球に位置していた太陽は、図版mが示すように、生長する植物のように次第に天空へと上昇していく。上昇していく太陽は、その本来の出自から考えると最高天にまで達すると思われるが、実際には「創造された光」として「光に満ちた天には濃密すぎ、地球には希薄すぎる」ので、両者の中間すなわちエーテル天の中心に留まる（図版n）。太陽の位置が決まると、惑星の軌道が定まる。図版oでは、恒星から土星・木星・火星・太陽・金星・水星が順に並び、エーテル天の全体が示されている。「太陽はエーテル界全体の熱源であるため、太陽から遠くにある惑星ほど冷たくなる」ために、結果として土星と月がもっとも冷たい惑星となる。

　フラッドの天地創造は、太陽の配置を中心にして図解されており、その過程をまとめると図版pとなる。ここでは、超自然たる神は上方の「正三角形」として示されており、最高天は、三分割された天使の九位階として示されている。エーテル天は七惑星の天球に分割され、その中心に太陽がある。元素界では四大元素が整然と配置されている。このように、宇宙は神から地に至るまで階層を成して構成されているのである。地球の少し手前まで「下降するピラミ

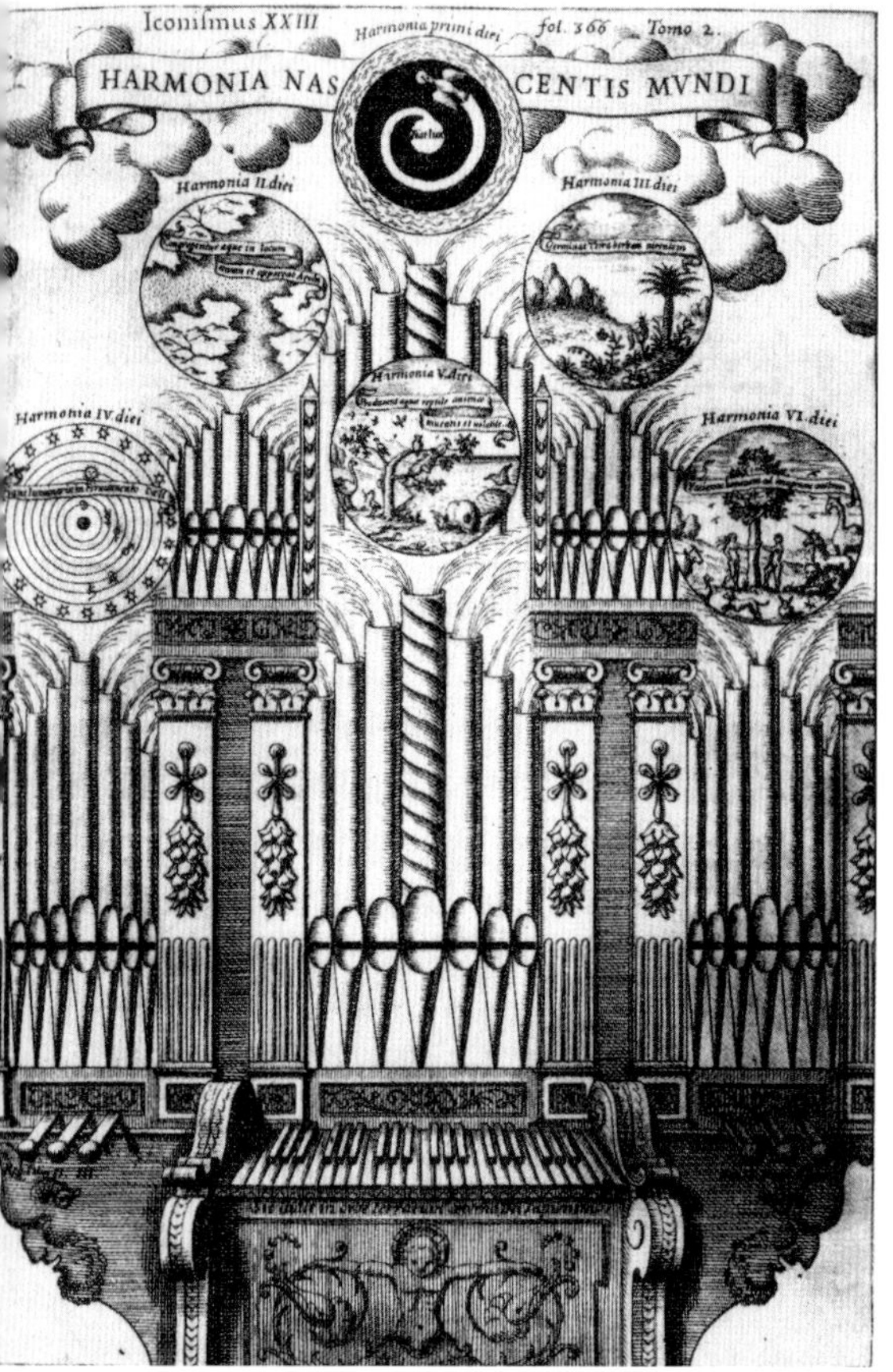


**▲天地創造と音楽**　キルヒャー『普遍音楽』(1650年)。天地創造の6日はオルガン音楽と響きあう。下部はパイプオルガン、上部は天地創造の6日が、6つの円で示されている。最上部の第1日は、フラッドによる天地創造の図解「光あれ」(67ページ図版f)のイメージを借用している。

**▲宇宙に鳴り響く音楽**　キルヒャー『普遍音楽』(1650年)。上から光源としての神性(三角形)、天使の合唱隊、笛と竪琴をもつ音楽の精霊ムシカ、左下にピュタゴラス、中央は鍛冶師、右下に詩女神の1人ポリュムニアが描かれている。ピュタゴラスは、鍛冶師たちが打つハンマーの音を聴いて調和音の数的関係を発見したといわれる。

ッド」は霊性を、神の超天空世界の手前まで「上昇するピラミッド」は物質性を表わしており、両者の均衡点に太陽が配置されていることに注意したい。図版qは、前図の元素界を詳しく描いたものであり、火・空気の領域と水・地の領域に分けることによって、四大元素における形相と質料の度合いを示している。

天地創造は、第四章において触れるロマン主義詩人のお気に入りの主題でもあった。ここではウイリアム・ブレイクが晩年に制作した『「ヨブ記」イラスト』(一八二六年・七一ページ図版)から第一四プレートを紹介しておこう。『「ヨブ記」イラスト』は全体で二一枚から成る組版画であり、善人ヨブが不当にも巻き込まれた試練を乗りこえて真の信仰に至る物語の図解である。しかしブレイクは、『聖書』の物語をたんにたどっているだけでなく自らの世界観を色濃く投影させており、結果的にブレイクの「預言書」の主題を視覚化した独自の作品に仕上がっている。フラッドによる天地創造の図解を鑑賞したあとでこのプレートを見ると、錬金術的なイメージがロマン主義時代においても反響していることが実感できる。さらに、フラッドにおいては「手」だけが描かれていた「神」は、ブレイクにかかると全身が「人間」の姿で登場するだけでなく、神とヨブは同一の地平で対峙する（第一七プレート）。世俗化が進んだ一八世紀から一九世紀初頭において、神あるいはキリストは、人間の想像力の象徴として捉えられるようになるのである。

## 音楽と錬金術

音楽は、錬金術だけでなくヨーロッパ神秘思想と密接な関係がある。音楽の理論的な創始者は、鍛冶師たちが打つハンマーの音を聴いて調和音（ハーモニー）の数的関係を発見したピュタゴラスである。彼はまた、コスモス（宇宙、秩序）という言葉の発案者でもあった。ピュタゴラスは宇宙の秩序を観照することによって神の領域に到

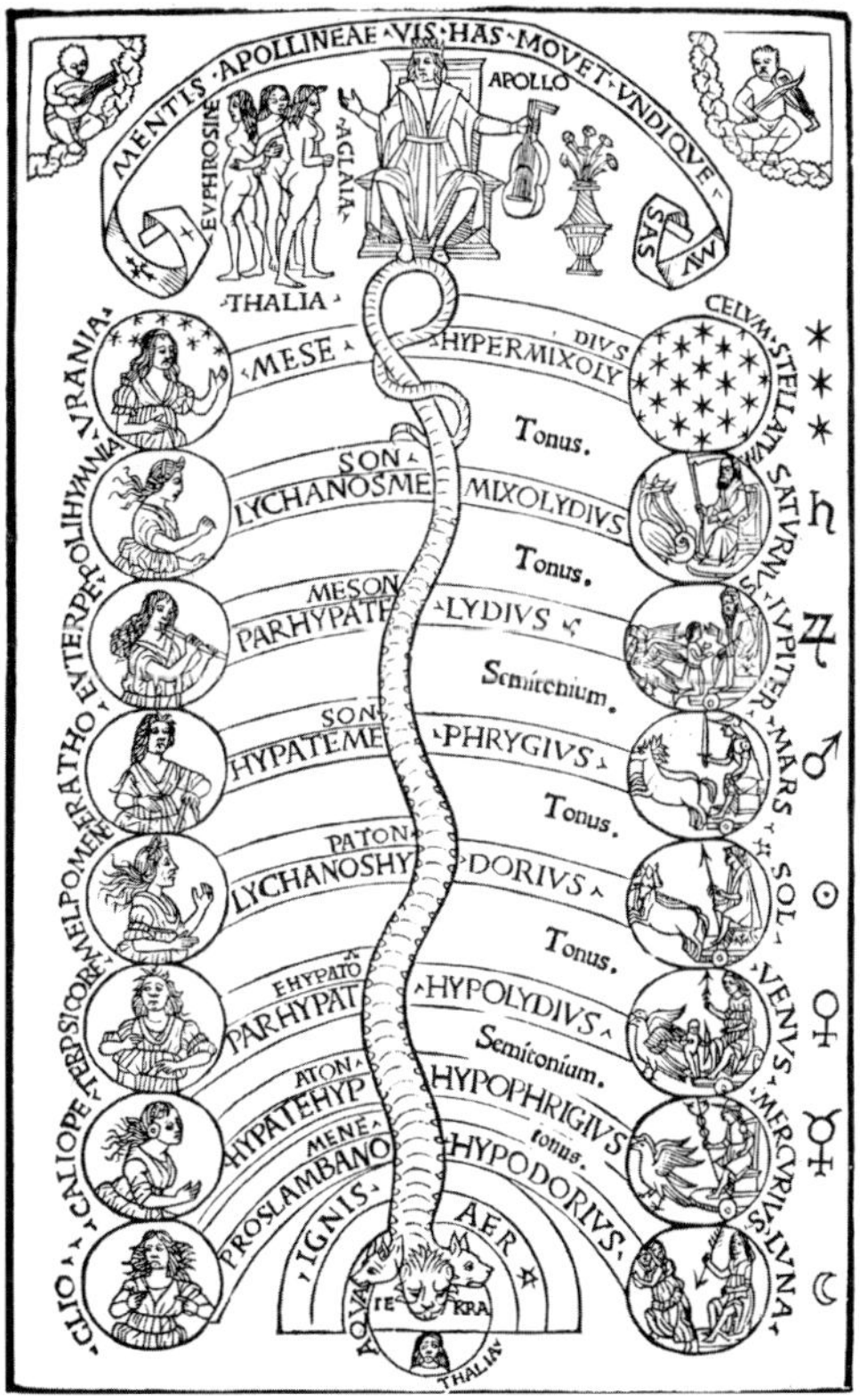


◀**天球の音楽とドラゴン**　フランキーノ・ガフリオ『音楽実践』（1496年）。音楽（音階）と惑星と詩女神との関係が左右に示され、中央のドラゴンが全体を貫いている。惑星の列では上から恒星天の下に土星・木星・火星・太陽・金星・水星・月が並び、その右横に惑星の記号、左横に音階の全音・半音と旋法名が記されている。詩女神はゼウスがムネモシュネとのあいだに生んだ9人姉妹であり、恒星天のウラニアから月のクリオと続き、最後に地球がタリアと対応させられている。下部には四大元素が示され、上部には竪琴をもつアポロンが美の3女神にかしずかれる。アポロンは全体の指揮者の役割を演じる。ドラゴンはライオン（下）、狼（左）、犬（右）の3つの頭をもっており、それぞれ現在・過去・未来を表わす。

ATALANTA FVGIENS, hoc est, EMBLEMATA NOVA DE SECRETIS NATURÆ CHYMICA, Accommodata partim oculis & intellectui, figuris cupro incisis, adjectisque sententiis, Epigrammatis & notis, partim auribus & recreationi animi plus minus 50 Fugis Musicalibus trium Vocum, quarum duæ ad unam simplicem melodiam distichis canendis peraptam, correspondeant, non absq; singulari jucunditate videnda, legenda, meditanda, intelligenda, dijudicanda, canenda & audienda: Authore MICHAELE MAJERO Imperial. Consistorii Comite, Med.D. Eq. ex. &c. OPPENHEIMII Ex typographia HIERONYMI GALLERI, Sumptibus JOH THEODORI de BRY, M DC XVIII.

◀**アタランテとヒッポメネス**
マイアー『逃げるアタランテ』（1618年）のタイトルページ。舞台はヘスペリデスの庭園であり、そこに黄金の林檎の木がある。ドラゴンがその入口を守っており、そこに近づくことは容易ではない（中上）。英雄ヘラクレスはこのドラゴンを殺して林檎を手に入れ、それをアプロディテに与える（左）。右側ではアプロディテが3個の黄金の林檎をヒッポメネスに与える。下はアタランテとヒッポメネスの競走の場面と、神殿で交わった結果、ライオンに変身させられる場面が描かれている。

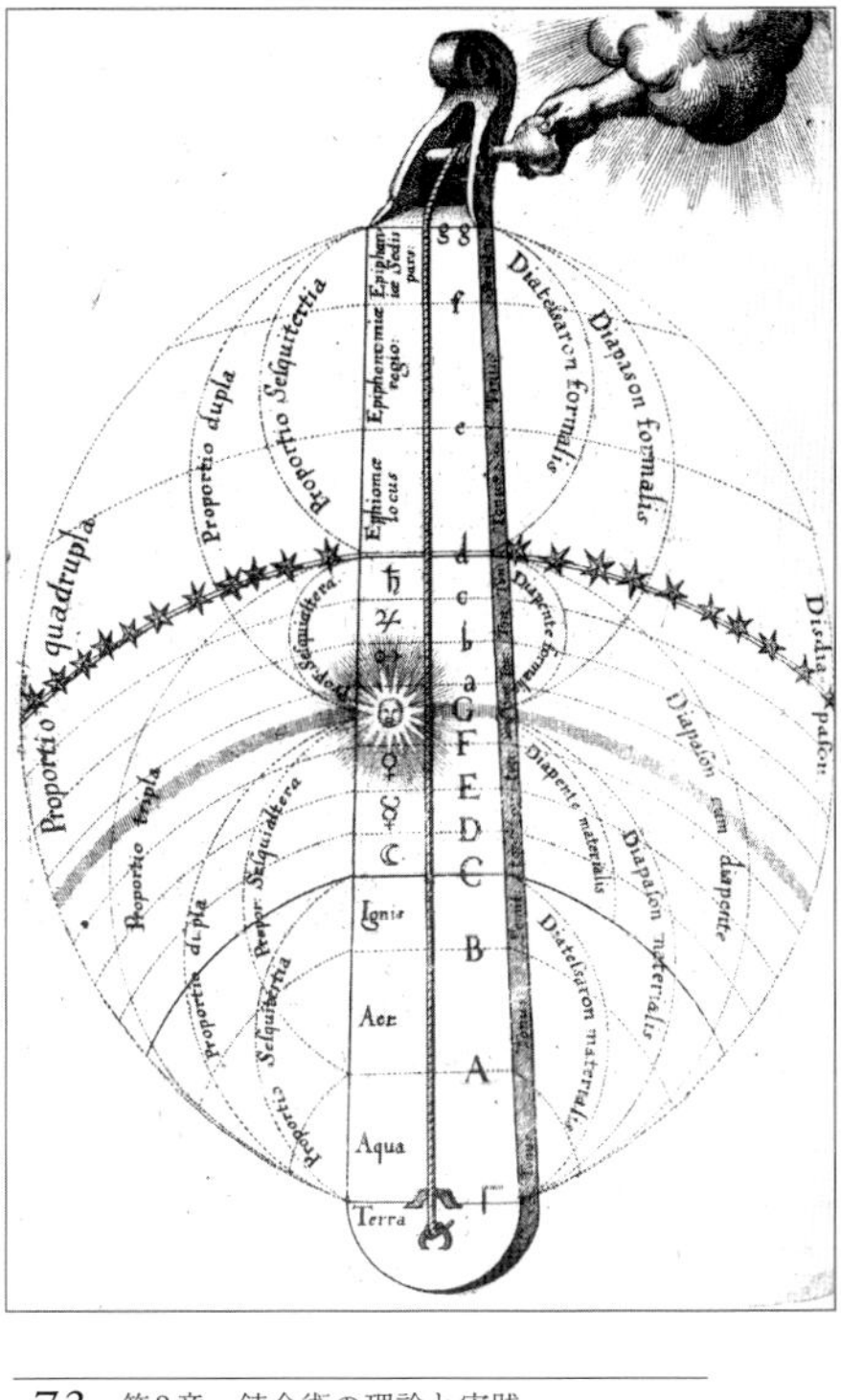


◀**フラッドの「宇宙の一弦琴」**　宇宙全体が1つのハーモニー（調和）を奏でるとするフラッドの音楽的宇宙論は、この壮大な「宇宙の一弦琴」に要約される（『両宇宙誌＝大宇宙誌』）。上から天使の位階、恒星天、7惑星（土星・木星・火星・太陽・金星・水星・月）、四大元素（火・空気・水・地）と続き、中心に太陽が位置する。調律用糸巻きをもつのは神の手であり、宇宙と音楽の作用因が神性であることを示唆する。形相のディアパソンは太陽から最高天まで、質料のディアパソンは地から太陽まで伸びており、両者が結びついて宇宙の和声が響き渡る。

▲**音楽と錬金術（1）**　1668年にパリで制作されたこの図は、音楽と錬金術の関係を示している。右側の錬金炉と蒸留器を前にして作業する錬金術師はヘルメス・トリスメギストスである。その横にヴィオラ・ダ・ガンバ、上には7本のオルガン・パイプの7音と錬金術の7つの金属（惑星）との対応が示されている。ド＝銀、レ＝水銀、ミ＝銅、ファ＝金、ソ＝鉄、ラ＝錫、シ＝鉛。錬金術師は、音楽に顕現する宇宙の秘鍵を知ることにより、錬金作業を調和のうちに進めることができる。

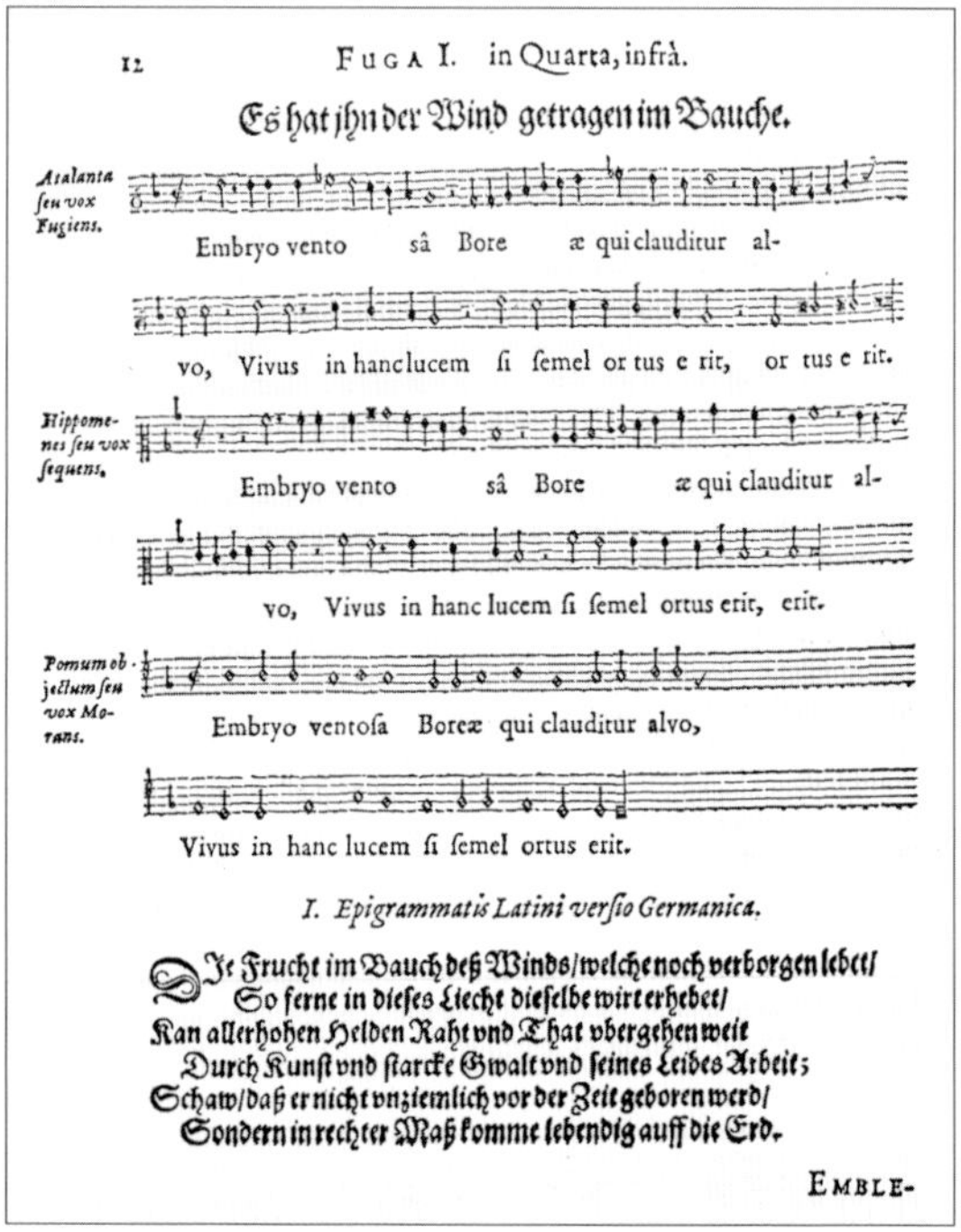


▶**音楽と錬金術（2）**　この楽譜は『逃げるアタランテ』の寓意画第1に付されたものであり、『逃げるアタランテ』には50のフーガ音楽が掲載されている。上から順にアタランテ、ヒッポメネス、黄金の林檎という3声部から成る。

達することができるという考えを展開しており、プラトンと並んでヨーロッパ神秘思想の源流として位置づけられる。ピュタゴラス思想の根本は数学と音楽であり、数は「本質的実在、絶対的真理、神性を経験しようと精神が向上するなかでわれわれが求める揺るぎない目標」（S・K・ヘニンガー・ジュニア『天球の音楽』）となる。数は、霊魂にしか把握されない叡知世界と、感覚によって知覚される生成の世界の両方にまたがる神秘的な性質をもっており、数の調和を具体的に表現したものが音楽である。

　音楽には、宇宙の音楽、人間の音楽、楽器の音楽の三種類があり、そのいずれも神的調和の表現を目指しているが、ここに数の瞑想を通して神的世界に参入することがピュタゴラスの目標となる。音楽には、宇宙に充満する調和が顕現しており、音楽によって人間のみならず、すべての生けるものの霊魂が癒されるのである。調和を失って不安や怒りなどに捉われた霊魂を治療するのは音楽であり、その意味において音楽には魔術的な力が備わっているとされる。

　音楽には、万物に浸透している生命霊気を躍動させる力がある。音楽を通して天空の生命霊気が伝達され、人間の霊魂が活性化される。人間の霊魂は、音楽を通して、本来の神的な調和を回復する。音楽は七音から成る音階を基礎にしているが、この音階は天体を構成する数的比率と同じ比率をもっているために、人間の霊魂を同じような調和状態に導くはずである。この論理に従えば、音楽を聴くとき人は生命霊気そのものを震動させているのであり、知らず知らずのうちに、宇宙の原初的な美的調和へと導かれているのである。クーンラートの図版「錬金術師の実験室」（四二ページ参照）には、四つの弦楽器が描かれている。その下に「聖なる音楽は、霊＝精気が敬虔な喜びに満ちた心臓において楽しむために、悲しみと悪霊からの回避である」という言葉が刻まれており、それが示しているように、音楽は錬金術と密接な関係があると考えら

**▲音楽と錬金術（3）** 78枚から成るヨーハン・バルヒューゼン『化学の要素』（1718年）の最終図。大いなる作業の最終段階で生成される賢者の石の秘密は、中央の楽譜に示される。

れている。

音楽と錬金術との関係を示す代表作は、マイアーの『逃げるアタランテ』（一六一八年）である。エピグラム（警句的短詩）とフーガ音楽がそれぞれの図版に付いており、音楽を通して錬金術の奥義が理解できるように構成されている。タイトルのアタランテは、俊足の美女アタランテのことで、彼女を主人公とする物語に基づいている。アタランテには多くの求婚者がいたが、駆け比べで自分に勝った者と結婚すると宣言する。ほとんどの若者は負けて命を落とすが、ヒッポメネス（メラニオン）だけは負けそうになるたびにアプロディテから授かった黄金の林檎を彼女の前に投げるという作戦によって勝利する。勝利したヒッポメネスはアタランテと結婚するが、キュベレの神殿において交わった罰として二人ともライオンに変身させられてしまう。

フーガはイタリア語で「遁走」を意味する音楽であり、アタランテ、ヒッポメネス、「黄金の林檎」の三声部が互いに入れ替わり、まるで競走しているかのように登場する。『逃げるアタランテ』の「序文」においてマイアーは、「神は自然のなかに無限の秘鍵を隠しておかれた」のであり、この神意の発見は似非錬金術師（「竪琴をもつロバ」にたとえられる）ではなく、叡知と高度の技術をもつ真の錬金術師の手に委ねられているとしている。「黄金の林檎」（「賢者の金」）の助けにより、アタランテ（「賢者の水銀」の素材）はヒッポメネス（「硫黄」）と結合して、賢者の水銀が誕生するのである。

## 4 錬金術の実験

### フラッドの小麦の実験

ロバート・フラッドの錬金術はヘルメス派に属しているが、思弁的哲学に終始していたわけではない。彼の壮大なヘルメス的宇宙論は、錬金術の実験という経験に裏打ちされていた。その代表的な例が「小麦の実験」である。この内容が明らかにされる

**▲想像力の目覚めと音楽**　ブレイクの『「ヨブ記」イラスト』は、死の試練を受けたのちにヨブが真の信仰に目覚める過程を、想像力の覚醒という視点から再構成している。本図（第1プレート）では、ヨブとその家族が木の下で祈りを捧げている。書物が膝の上で開かれているが、楽器は木の幹に掛けられたままである。
**▼想像力の目覚めと音楽**　死の試練を切り抜けたヨブとその家族は、最終場面（第21プレート）において楽器を手にしているが、これは彼らが想像力に目覚めたことを示している。錬金術における賢者の石は、ロマン主義時代には詩的想像力がその役割を果たすことになる。太陽と月の位置が、第1プレートと逆転しており、物質性は霊性へと変容する。

**フラッドによる実験**
▲フラッドが小麦の実験で使用した錬金炉であり、徐々に加熱していく装置が組み込まれている。「アムビックス」（11：1、1963年）。
▶小麦は、加熱すると原初的な状態すなわちプリマ・マテリアとなる。この液体を蓋のない容器に入れて加熱していくと、煙が雲のように立ち昇ってくる。その蒸気を集めて凝縮し、さらに蒸留を繰り返すと少量の液体を得る。「アムビックス」（11：1、1963年）。

のは一六二三年の著書『解剖学円形劇場』においてであるが、実際の実験はそれより前に行われている（未公刊の『哲学の鍵』では実験の詳細が語られている）。この実験は、フラッドが『両宇宙誌＝大宇宙誌』において展開する思想体系の彼なりの根拠となっており、のちのヨハネス・ケプラーやマラン・メルセンヌたちとの論争においても揺るぎない自信の根拠となっている。

　フラッドは医師として生計を立てており、処方する薬の調製もロンドンの自宅に設けた実験室で行っていた。実験装置の中心にある炉の設置とその管理は、フラッドが雇い入れたフランス人の助手に任されていた。現在でもそうであるが当時においても製薬は、想像以上の収入をもたらす技術であり、フラッドの医師としての収入と合わせて実験室の運営費を十分にまかなうことができたと推定される。

　フラッドが小麦を実験対象として選んだのは、惑星における太陽、動物における人間、人体における心臓、鉱物における金と同じように、植物のなかで中心を占めるものが小麦であるという判断による。小麦は

**▲フラッドの小麦の実験**　『解剖学円形劇場』のタイトルページには、小麦の実験の結果が図解されている。左側の円には、パンと小麦、蒸留器やレトルトなど錬金術の器具、そして容器には小麦の実験から抽出された5つの成分が示されている。下から、地・水・空気・火の四大元素、そして小麦の第五元素すなわち賢者のエーテルである。

ヨーロッパにおいて、日本における米と同じような位置を占めていた。実験の目的は、小麦から第五元素を抽出することにある。

収穫された小麦は、まず穏やかな熱によって「腐敗」させられ、どろどろとした粘りのある液体に変化させられた。徐々に温度を上げて加熱していくと、小麦はその原初的な状態、すなわちプリマ・マテリアとなる。この液体を蓋のない容器に入れてさらに加熱すると、煙が雲のように立ち昇ってくる。その蒸気を集めて凝縮し、さらに蒸留を繰り返すと、少量の液体を得る。やがて液体は白く変化するが、それを太陽光にさらすと、数時間のうちに赤い物質に変わる。フラッドはこの物質には実際に医療効果があるとしていて、手の痛みに悩んでいた彼は、この物質を塗ったときから痛みが和らいだと証言した。

この作業の結果、小麦から五つの成分が抽出される。『解剖学円形劇場』の図版では、実験の結果が次のようにまとめられている。宇宙的な人間が大きな円を抱えており、そのなかに三つの円がある。上の円のなかには、四つの風とその中心にＩＨＳ（イエス）が描かれ、右側の円には、解剖の場面が描かれている。左側の円には、パンと小麦、蒸留器など錬金術の器具、そして容器には実験の結果抽出された五つの成分が示されている。下から、地・水・空気・火の四大元素、そして小麦の第五元素すなわち賢者のエーテルである。三つの円は三角形で結ばれており、その頂点はＩＨＳと容器の空気、外科医の耳を示している。「空気という媒体を通して伝わる音によって、小麦とパンと同じように人間を養う『神の言葉』が外科医に明示される」。三角形の辺には「天あるいは霊」、「地あるいは身体」、「人間の食物」とある。

ここで言及されている小麦の第五元素すなわち賢者のエーテルは、植物のなかに含まれる「ある種の揮発性の塩」であるという。この揮発性の塩は、「水晶と同じくらい透明かつ無色の油性の液体」であり、そこには「空気中の霊気」すなわち生命霊気が吸収されている。フラッドは、小麦の実験により、この生命霊気を容器に固定することができたと信じたのであった。

## ファン・ヘルモントの柳の木の実験

ファン・ヘルモントは有名な「柳の木の実験」を行っている。フラッドの実験との大きな相違は、その定量的な方法論であった。彼はまず、炉で乾燥させた「二〇〇ポンドの土を土製の容器」に入れて、「五ポンドの重さの柳の木」を植えた。土製容器に「雨水か蒸留水」を五年間与え続けたのちに柳の木の重さを量ってみると「一六九ポンドと約三オンス」となった。土製容器の土を乾燥させて重さを量ってみると、「約二オンス欠けていたが、同じ二〇〇ポンド」であることが判明する。このことからファン・ヘルモントは、柳の木は「水のみから生じた」と結論しているが、水はファン・ヘルモントにとって特別な意味をもつ物質であった。

『聖書』によると、天地創造以前には「地は渾沌」であり、「闇が深淵の面」にあり、「神の霊が水の面を動いていた」。ファン・ヘルモントは、創造の第一日が始まる前に「水」が存在していただけでなく、その後の創造過程も「上の水」と「下の水」の分離というように「水」を中心に叙述されていることに着目し、水こそ錬金術におけるプリマ・マテリアに相当するものと考えた。「創世記」には「火」が登場する場面はなく、創造の場面において登場する元素は水、空気、地である。ファン・ヘルモントは、空気と地が水を受け入れることができることから、三種の元素のなかでも水が根源物質であると判断したのであった。

ファン・ヘルモントによると、水は根源物質であるというだけでなく、創造の六日が終わった時点から終末に至るまで、本来の神的なエネルギーを変わることなく保ち

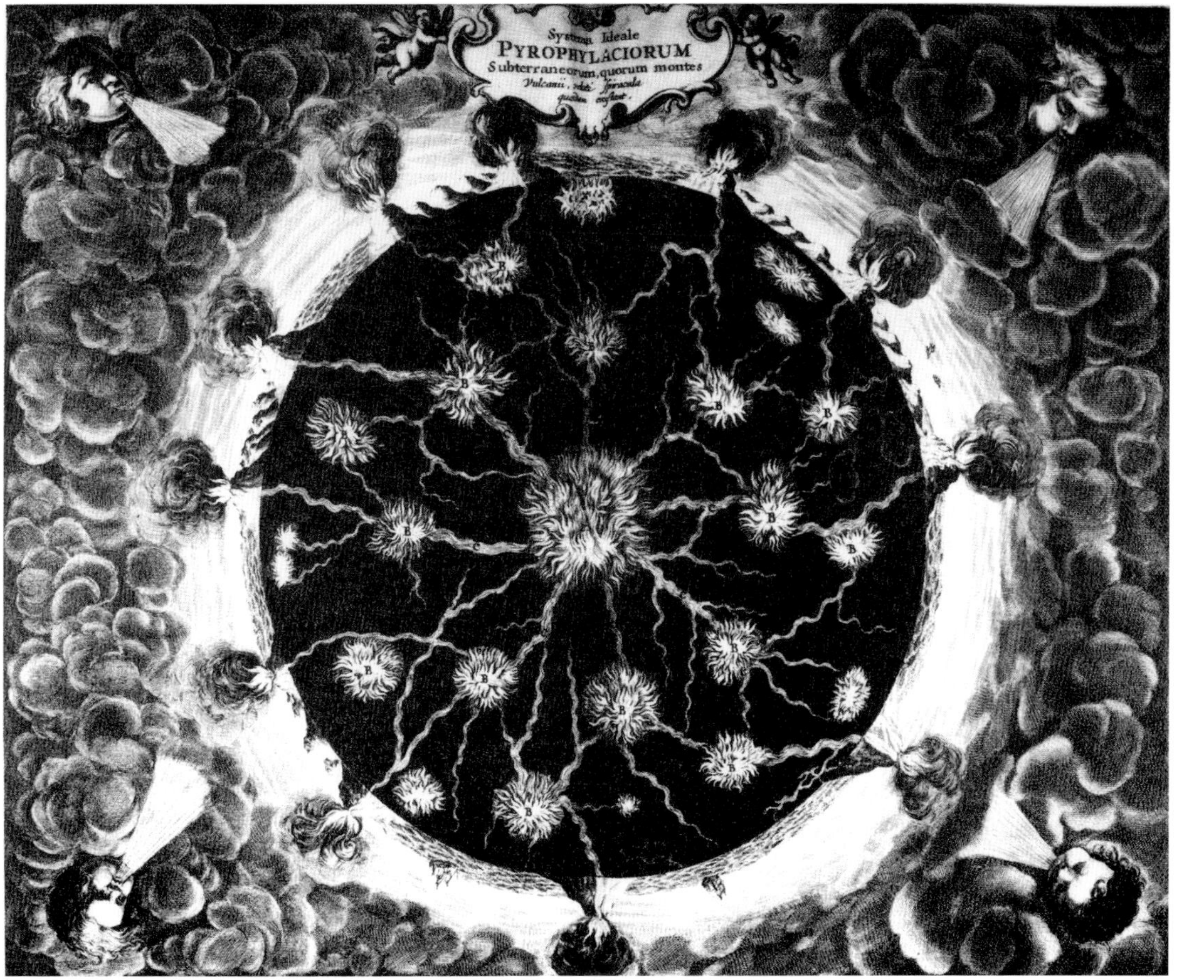


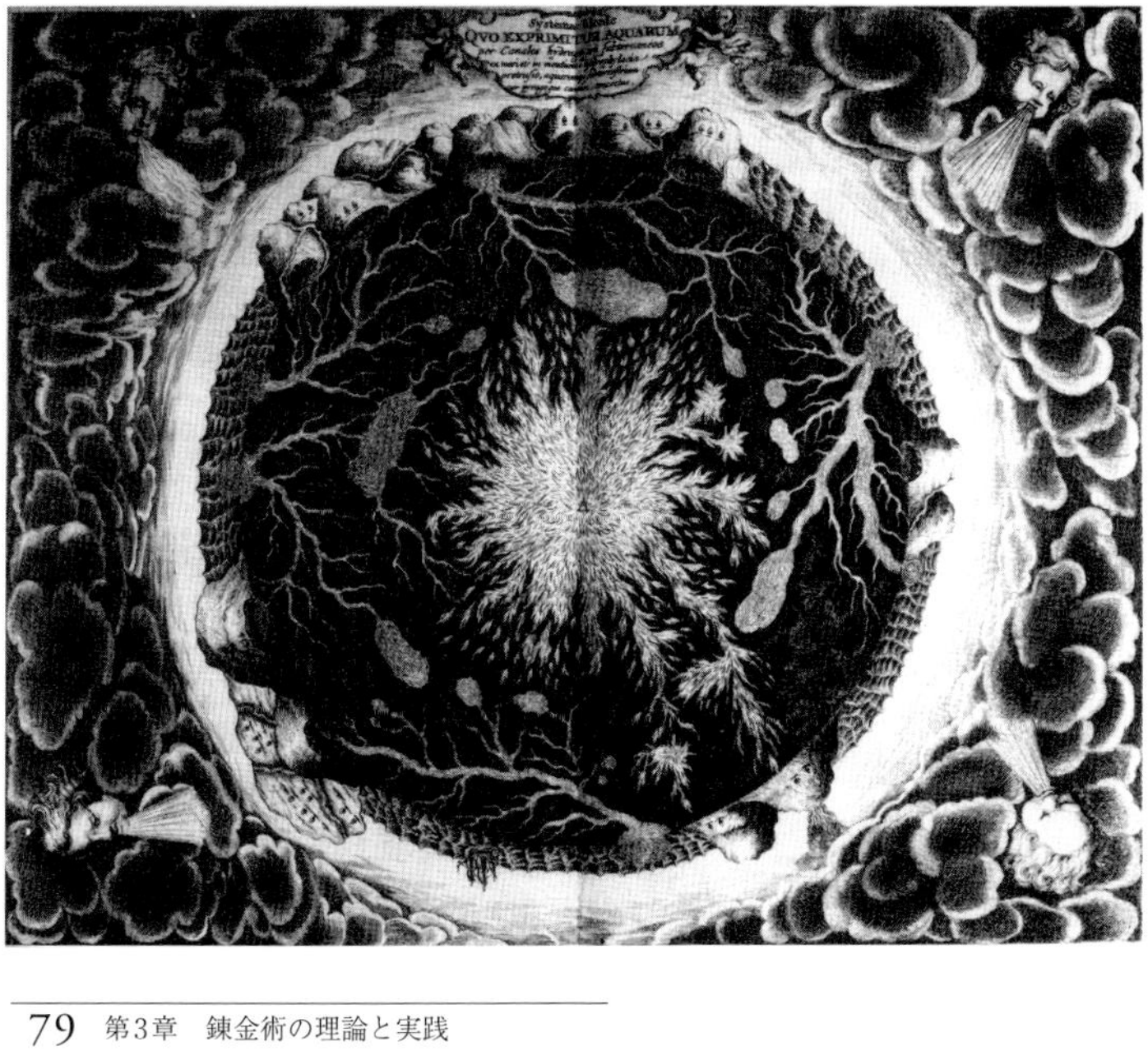

**▲地球の中心にある火**　アタナシウス・キルヒャー『地下世界』(1678年)。キルヒャーは、1637年にシチリアでエトナ火山の噴火という現象を目の当たりにする。地球の内部がどのような構造になっているかについては知る由もなかった時代に、地球の内部には火が存在しており、その火が地表に現われたものが火山の噴火であると確信していた。

**◀地下の水**　キルヒャー『地下世界』(1665年)。地球の中心には火だけでなく水も存在している。水には、天地創造の時点における「下の水」の一部がそのまま含まれており、この原初的な水を基にして金属が生成されると推定された。

続けたままであるという。天地創造の第三日に、神は大空の下の水を集めて海とし、乾いた部分が陸となって現われる。そのさい原初の水の一部が地下世界に潜り、その水はノアの洪水のさいに地表に現われた。洪水が去ったのは、地表に現われた水が再び地下に潜ったためであり、現在もなお地下世界にある水は、万物の根源としての創造的エネルギーを維持している。地下世界における金属や石の存在は、この地下の水に由来する。しかし、水だけでは金属は生成されず、それを活性化し、生成を開始する作用因が必要である。ファン・ヘルモントは、パラケルススに従って、この作用因をアルカエウスと名づけた。アルカエウスがこの原初的な水に作用することにより、幼児が母胎のなかで成育するように、金属や石の生長が始まる（生長過程は天地創造の段階で終わることなく、現在も進行中である）。彼は、金属や石には種子あるいはその内的成分としてのアルカエウスが含まれており、これを抽出することにより金属変成のための根源物質を獲得することができるとしたのであった。

## センディヴォギウスと硝石空気

伝説の霧のなかに現われたり消えたりする詐欺師のイメージから名誉回復を果たした錬金術師の一人に、ミカエル・センディヴォギウスがいる。現在では彼の主著『錬金術の新しい光』は、一七世紀初頭のヨーロッパ錬金術の新しい方向を示した画期的な著作であるとみなされている。センディヴォギウスが錬金術に触れたのは、ポーランドのクラクフに滞在していたときであった。ライプツィヒやウィーンの大学において自然哲学を広く学んだのち、一五九三年にヨーロッパ錬金術の中心地プラハに向かい、ルドルフ二世の廷臣となる。一六〇四年にはルドルフ二世の前で卑金属を金に変える実験を行った。同年に『賢者の石に関する一二の論考』が出版され、『錬金術の新しい光』と改題して再版される。

『錬金術の新しい光』は、一七世紀を通してもっとも影響力のあった錬金術書の一つである。初版のラテン語版は一六〇四年の出版であり、一六二五年には錬金術論文集『ヘルメス学の博物館』に収められた。そ

**▲「匿名のサルマティア人」** マイアー『黄金の卓の象徴』（1617年）のタイトルページには、マイアーが選んだ12人の偉大な錬金術師の肖像が描かれている。その12人目は「匿名のサルマティア人」となっており、実名は明らかにされていない。17世紀に「サルマティア人」がポーランド貴族を指していたことから、この人物はセンディヴォギウスとみられる。

**▼ミカエル・センディヴォギウス** ルドルフ二世の前で金変成の実験を成功させたセンディヴォギウスは、プラハで活躍した錬金術師のなかでも指導的な立場にあった。

のあいだに三〇回ほども刊行されただけでなく、その後ラヴォアジエなどによる近代化学が確立する一八世紀末までのあいだに、各国語で出版され続ける。英語版としてはジョン・フレンチによる一六五〇年版、匿名の訳者による一八九三年版などがあり、最近ではB・J・T・ドブズによる簡単な要約がある。

センディヴォギウスは、錬金術師はまず自然に忠実に従うことが肝要であり、錬金術の知識が「自らの手で行った実験によって獲得した」ものであることを強調している。賢者の石により卑金属を金に変成することができるのは、自然の門を開けてその最奥の聖域に入ることが許された真の錬金術師のみであるという。四大元素にもそれぞれの種子があり、その種子が地球の中心に投げ入れられると、自然の形成力たるアルカエウスがそれを受けとめて、大地の細孔を通して昇華させ、さまざまな金属に生長させていく。金属の生成過程には、さらに火と水が必要となる。地球の中心には天空の太陽に対応するもう一つの太陽が存在しており、それを熱源として、金属の種子は地表へと上昇していき、天空の太陽の光線と結びついて増殖可能な金属へと生長していくというのである。その内部に種子をもたない金は未成熟の金であり、それを成熟させることにより完全な金となる。ふつうの金は種子のない植物に似ており、種子

**▲硝石の純化**　16世紀における硝石の結晶化の過程。硝石（硝酸カリウム）は、火薬や花火の素材として一般的に使用されていた。硝石を加熱すると硝酸カリウムが得られる。これに硫黄と木炭を混合して黒色火薬を製造する。空気中で起こる火薬の急激な燃焼という不思議な現象は、錬金術の盛んな時代に生命霊気と結びつけられた。

**▼ミカエル・センディヴォギウス**　マイアー『黄金の卓の象徴』（1617年）。左側にいる人物はセンディヴォギウスであり、右側にいる足の不自由な人物は火の神ウルカヌスである。水差しから注がれる水は、雨すなわち「天の露」であり、そこには「空気の塩」（＝硝石）が含まれる。木々は、7つの「太陽の果実」と6つの「月の果実」をつけている。

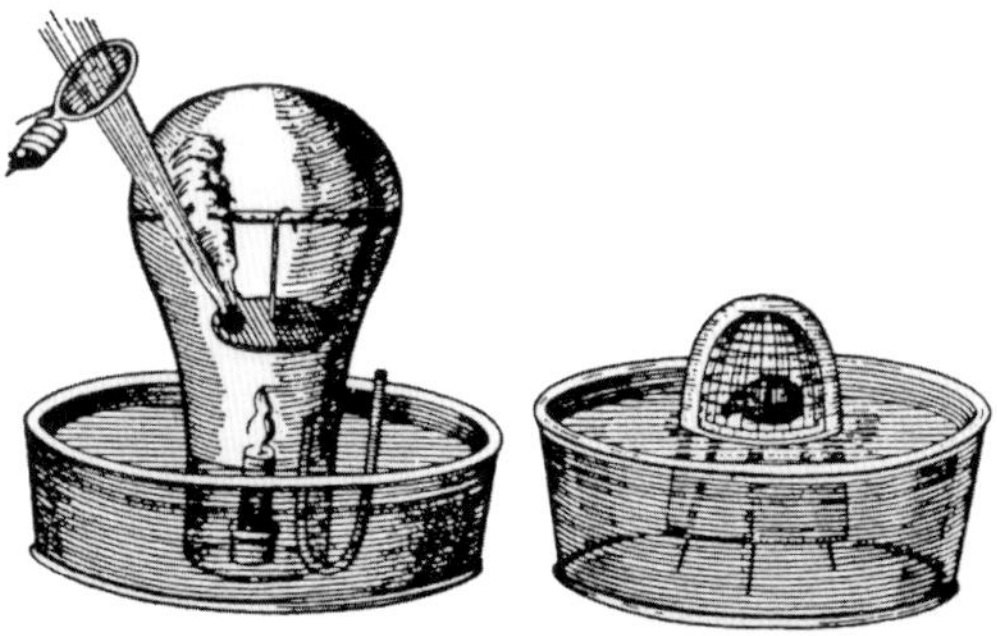

**▶ジョン・メイヨウの実験**　左図は、燃焼後に硝石空気粒子が消費されて空気が減少することを示す実験。右図は、硝石空気粒子が消費されたあとの空気のなかでは、ネズミなどの動物が生存できないことを証明する実験である。

**▼アンチモンの煆焼**　太陽光を集めてアンチモンを燃焼させる実験。金属を燃焼させると重量が増加するのは、硝石空気粒子が金属に吸収されるためであると推測された。1751年制作。

を生みだす力が備わっていない未成熟の金である。「植物も成熟すると種子をつけるようになり、金も成熟すると種子すなわち錬金染液ティンクトゥラを生むようになる」とされる。

センディヴォギウスは、太陽光に含まれている神秘的な力を引き寄せる物質を「鋼」と呼んでいる。「自然そのものから造り出された」この鋼は、磁石のように、「その驚異の力によって太陽光から、あれほど多くの人々が探し求めたもの、われらの術〔錬金術〕の主要な原理を誘い出す」のである。

センディヴォギウスが「鋼」によって示したかった物質は、じつは硝石（硝酸カリウム）である。硝石はセンディヴォギウスの錬金術の要となる物質であり、「鋼」のほかにも「地の中心の塩」、「われらのマグネシア」、「われらの塩」という名称が与えられている。硝石は、空気中にある生命霊気の源であり、それなくしては地上のすべてのものは生まれることも存在することもできない根源物質とみなされたのである。

イギリスの医師ジョン・メイヨウは、空気中に含まれる硝石が万物を育てる根源的な要素であるという説を信じていた。雷鳴と稲妻という自然現象を見たメイヨウは、空中で火薬の爆発が起きていると考えて、硝石空気粒子という粒子の存在を主張した。当時の黒色火薬は、硝石と硫黄と木炭を混合したものであり、その爆発力と轟音から雷鳴と稲妻を想わせたのである。金属を煅焼するとその重量が増加するという現象は、空気に含まれる硝石空気粒子が金属に吸収されるためであり、空気が閉じ込められた容器中でロウソクや樟脳を燃やすと空気の量が減少する現象も、同じように燃焼のために必要となる物質、すなわち硝石空気粒子が消費されたからである。硝石空気粒子が消費されたあとの空気中ではネズミなどの動物が生存できないことから、硝石には生命を維持する精気が含まれていると推定されたのである。

## 5 アンチモンと緑ライオン

### 金属の植物的成長

　古代ローマ時代に戦争で輝かしい勝利をあげて凱旋した将軍は、ローマ市内を「戦車」に乗って市民の歓呼に応えた。錬金術においてこの凱旋戦車に乗る資格ありと認められた金属は、当時もっとも華やかな地位にあったアンチモンである。アンチモンは、単体としては銀白色の半金属結晶であるが、通常は柱状あるいは針のような形状の結晶から成る輝安鉱（硫化アンチモン）として存在している。アラビアでは輝安鉱にコリリンという液体を混ぜてすり潰したものをアイシャドウなどの化粧品として使用していた。この液体の名称はコール（cohol）に代わり、液体中ですり潰した輝安鉱は、アルコールと名づけられる。やがて葡萄酒の蒸留生成物、たとえばブランデーなどが修道院において製造されるようになると、その主要成分がアルコールと呼ばれるようになる。このアルコールを、薔薇などの花からそのエッセンスを抽出して香水を生成する化学溶剤としても利用したことから、物質の第五元素を分離する作用があるとされていた。また、アンチモン（antimonium）にはanti monos（単独ではない）という意味があるように、水銀と同じように、合金となりやすい性質がある。アンチモン合金としてもっとも有名なものが鉛アンチモンあるいは鉛錫アンチモンであり、第一章で触れたように、活字として利用されていた。

**▲金属の生成**　ラザルス・エルカー『地下世界の王宮』（1736年）。神は地上の山々に、左側から太陽（金）、金星（銅）、火星（鉄）、土星（鉛）、木星（錫）、水星（水銀）、月（銀）という金属の種子を植えつける。左側の山の地下には採鉱、右側の山のふもとでは精錬作業が行われている。下部には錬金作業が描かれている。錬金術は、神が金属の種子を蒔き、育った金属を人間が収穫するという発想に基づいている。

　アンチモンの重要性を指摘した錬金術文書として、バシリウス・ヴァレンティヌスの『アンチモンの凱旋戦車』がある。これはアンチモンの浄化により飲用薬を生成することを主題としている。ヴァレンティヌスは、一五世紀後半のドイツで活躍したベネディクト会修道士であり、ほかに『一二の鍵』（一二四ページ参照）という著作も書いたとされているが、実在していた人物であるかどうかは確認されていない。『アンチモンの凱旋戦車』は一六〇四年に出版されており、編者のヨーハン・テールデが実際の著者ではないかと推定されている。このアンチモンに特別な関心を寄せたのがニュートンである。

　アンチモンはもともと輝安鉱という鉱石を指す名前であり、金属アンチモンを指すときには「レグルス」あるいは「アンチモンのレグルス」と呼ばれていた。ニュート

**▶7つの金属**　『ヘルメス学の博物館』（1678年）。地表では、左右の女性が火と水の記号をもち、中央の女性が四大元素の調和を象徴するソロモンの封印（賢者の石の象徴）をもっている。地中あるいは洞窟のような場所にいる7人の女性は、7つの金属を示している。全体は、昼と夜を示す重なる2つの円で囲まれ、さらに外側に四大元素が、サラマンデル、天使、船、陸地によって示されている。

**◀採鉱**　トリスモシン『太陽の輝き』。鉱山における採掘の場面。金属は地中で発芽して、太陽と月や惑星の影響を受けながら生長し、最終的に金として完成する。その生長の速度は、植物が1年を単位とするのに対して、100年あるいは1000年を単位とする。

ンの錬金術手稿には「鍵（Clavis）」という文書が含まれており、そのなかにアンチモンの実験の経緯が詳しく記載されている。輝安鉱に鉄を加えて加熱すると、輝安鉱に含まれている硫黄が鉄と化合して硫化鉄となり、アンチモン（この場合には鉄すなわちマルスのレグルス）が分離する。すべての金属は水銀（女性原理）と硫黄（男性原理）から成っていることから、この場合には、アンチモンの水銀的母胎に鉄の硫黄種子が含まれていると解釈された。ここで種子が母胎を理想的なかたちで孕ませると、そこには星状の結晶が現われる。ニュートンはこのアンチモンの星状レグルスと呼ばれる結晶にことのほか魅了されていた。星状レグルスに銀（ディアナの鳩）を溶解し、その後ふつうの水銀と合わせてアマルガムにする。次に、乾燥・昇華・アマルガム化を七回から一〇回ほど繰り返すと、賢者の水銀が得られる。この賢者の水銀には、あらゆる金属、とくに金を内部的にも外部的にも溶かしきる力があるとされた。ふつうの水銀が、アンチモンの星状レグルスから「霊的な精液」（あるいは種子）を授かった結果、賢者の水銀へと変容したのである。ドブズはこの実験を『ニュートンの錬金術』において詳細に紹介しており、「金とこの水銀〔賢者の水銀〕を入れたガラス器を炉

**▲採鉱**　マイアー『哲学の7日間』(1620年)。現実の鉱山労働者は、厳しく危険な仕事に従事しており、さまざまな鉱山病に悩まされていた。錬金術師は、鉱山からアンチモンを含む鉱石を採掘し、賢者の石の生成に着手する。

**◀金属は植物のように生長する**　トリスモシン『太陽の輝き』。王冠をつけた根は、大地から養分を吸収して幹と葉を繁らせ、最後に花と実をつける。樹木の生長過程は、錬金作業の段階を示している。中央の鳥の頭部が白くなっており、黒化と白化の両局面を表わす。梯子の男性が小枝を錬金術師に手渡している。右下では地面に挿した小枝が根づいて新しい木となる。金属の断片も、地中に埋めて育てると植物のように生長して増殖することを示している。

にかけると、金が提供する発酵素によって「水銀は樹状に育つ」と述べている。「金はこの世の中にあるいかなる水銀にもまして生命力と流動性をもつ水銀」へと変化したのちに、錬金術師の最終目標たる賢者の石が生成される。

## 錬金術の能動的原理

ドブズがニュートン自身の実験報告としていた「鍵」は、現在ではジョージ・スターキーが一六五一年に書いたロバート・ボ

**▶金属は植物のように生長する**　ヨーハン・ミューリウス『改革された哲学』（1622年）。巨大な木の下では、錬金術師が若い志願者に錬金術の工程を教えている。木には太陽と月、そして5つの惑星が描かれている。その周囲に7つの小円があり、それぞれが錬金作業の段階を示している。左側から、頭蓋骨にとまる鳥（黒化）、死の認識、死せる鳥を天空に運ぶ2羽の鳥、死せる鳥から王冠への変容、再生を予兆する新芽、薔薇とユニコーン（一角獣）、復活する生命と続く。死から再生への循環は、植物・動物だけでなく金属にも認められる。

イル宛の書簡の一部をニュートンが転写したものと判明している。しかし、このアンチモンの実験がニュートンの発案ではないとしても、ニュートンの錬金術への関心がどのような方向に向いていたか、またどのような化学変化を重要とみなしていたかを示す資料にはなる。アンチモンの星状レグルスに含まれている「霊的な精液」は、万物の生長を促す生命霊気とされ、第五元素あるいはプネウマのなかの「創造的火」に相当するものと理解された。アンチモン（「ゲーベルのマグネシア」とも呼ばれる）には「生命に必要な天界の能動的な活性化原理」を磁石のようにひきつける能力があり、「霊的な精液」は「宇宙の受動的物質に生気を吹き込み形を与える役割」を担う作用因あるいは能動的原理とみなされた。このことを図版で示しているのが「太陽を食らう緑ライオン」である。ドブズは、『賢者の薔薇園』に収録された「太陽を食らう緑ライオン」について、緑のライオンは未成熟のアンチモン鉱（輝安鉱）、太陽は「新プラトン主義の世界霊——ニュートンの霊的な精液——の生命を与える力」、ライオンの口から滴る赤い血は「蘇った水銀」（賢者の水銀）を表わすと読み解いている。

　錬金術の能動的原理は、ニュートンの光学研究においても重要な位置を占めている。

『光学』（一七一七年版）の「疑問三一」では、ニュートンが錬金術研究において探し求めていた能動的原理が、彼の力学研究の重要な概念である重力と重ねあわされて言及されている。天地創造のさいに最初の運動を与えられた物質が完全な状態であれば、慣性の法則によって永久に運動し続ける。慣性力は受動的原理であり、それ自体では新たな運動を生むということはない。天空界では不変の運動が持続するかもしれない

**◀太陽を食らう緑ライオン**　この『賢者の薔薇園』（1550年）の有名な図版にはさまざまな解釈がある。クロソウスキーによると、ライオンの緑色は、「生な根源状態にある」物質であることを示しており、この物質からは「硫黄の元素と水銀の元素が抽出される」（『錬金術』）。ユングは、「男性的・精神的な光とロゴスの原理」としての太陽が物質世界（ライオン）に飲み込まれてしまう状態と解釈する（『心理学と錬金術』）。テイラーは、ライオンの緑色は「金と銀との混合が不純なときにつねに呈する銅化合物による」ものとしている（『錬金術師』）。ファブリキウスは、「緑と金のライオンが太陽と月を食らい、太陽と月は分離されて宇宙的生物の腹の中で死ぬ」と解釈する（『錬金術の世界』）。

**▼アンチモンの星状レグルス**　『真理の鏡』。中央で立つ片足の男は火の神ウルカヌスであり、左手にアンチモンの錬金術記号を表わす球をもっている。球のなかには星があり、このアンチモンが星状レグルスであることを示している。右手にもつのは炎の鉄剣である。左側では狼（アンチモン）がメルクリウス（水銀）を食べている。17世紀制作。

が、地上においては「この世界に見出されるさまざまな運動は、つねに減少しつつあることが明らかであるから、能動的動因（能動的原理）によって運動を保存し回復する必要がある」。ニュートンは能動的原理が地上の存在には必要であることを前提にして、物質の微細な粒子は慣性力だけでなく「重力とか、発酵とか、物質の結合をひきおこすような動因」、すなわち能動的原理によって動かされていると結論した。

ニュートンは、ルネ・デカルトやガッサンディなどの機械論哲学に代わりうる錬金術的・生気論的な宇宙像を描こうとしていた。そして、宇宙は無機的な物質から成る世界ではなく、神的な能動的原理によって生命を維持する生ける有機体であるとみなしていた。この考え方の根底にあるのは、金属もまた植物のように種子から発育し生長するという錬金術的な発想であり、ニュートンは「植物的な生長」という意味のvegetationを金属の生長という意味でも使用している。ニュートンの能動的原理は、金属を含む万物の生長を促す生命霊気であり、天空界の中心たる太陽から発散される光の本体でもある。ニュートンの光学研究は、能動的原理としての生命霊気を探求する錬金術の延長上にあり、能動的原理のもう一つの形として光を位置づけていたのである。

**▲賢者の水銀**　『真理の鏡』。中央にはメルクリウス（ここでは水銀ではなく、賢者の水銀）がウロボロスの上に立ち、右手にカドケウス（水銀）、左手に槍（硫黄）をもっている。左側の人物が太陽（金）をメルクリウスに捧げており、賢者の石の生成を準備する。17世紀制作。

**▼賢者の石**　『真理の鏡』。賢者の水銀と金により、賢者の石が生成される。賢者の石は、中央上の円と三角形によって示される。三角形の内部では火が燃えている。その下に3つの王冠をもつ地球があり、賢者の石が3つの世界の王であることを表わす。左側の地上の王は、賢者の石たる「赤い王」を礼拝する。17世紀制作。

## 6…赤い王と賢者の石

### 王と王妃の再生

錬金術の作業を王と王妃の結婚あるいは再生という物語で表現する例として、薔薇十字団の第三文書『クリスチャン・ローゼンクロイツの化学の結婚』で語られる王と王妃の物語を挙げることができる。王と王妃は、ホムンクルス（女性はホムンクラ）として復活する。物語の第六日に、六人の王と王妃が斬首されてオリュンポスの塔のある島に運ばれる。ローゼンクロイツと錬金術師たちは前日から実験室に閉じこもり、植物や宝石からその精気を抽出してガラスの容器に入れるという準備作業をする。当日、七階建ての塔において錬金作業が始まる。一階から二階に上ると、泉のなかに斬首された六人の王と王妃の遺体がおかれている。錬金術師たちは、前日に用意した液体を遺体に注いで溶解し、それを黄金の球に入れる。塔の三階では、その球が太陽光線によって加熱され、これをダイヤモンドで切り裂くと「白い卵」が現われる。次に四階で、温かい砂で卵をゆっくりと加熱すると、卵から醜い鳥が孵化する。この鳥に斬首された王族の血を与えると、その羽根が黒から白、白からまだら模様へと変化する。五階では、鳥が浴槽に入れられ、その熱により鳥の羽根がすべて抜けてしまう。鳥を浴槽から出して、残った湯をさらに煮詰めると青い沈殿物が残り、その青い顔料を鳥に塗る。六階では、鳥は白い蛇の血を飲まされたのちに首をはねられる。鳥の体を焼いて灰にして、糸杉の箱に入れる。

ここで錬金術師たちは、二つのグループに分けられる。一つのグループは、七階に案内されて金の製造という作業に携わる。この作業は重要ではあるが、錬金術の最終目的ではない。もう一つのグループは、ローゼンクロイツもこの特別なグループに含まれるのだが、七階の上にある屋根裏部屋に導かれ、王と王妃の再生という神聖な任務を遂行するのである。六階で用意された鳥の灰に水を混ぜて練り粉を作り、それを二つの小型人間の型に入れる。それに鳥の血を与えると、男女のホムンクルスとホム

**▲錬金術的な聖餐**　シュテファン・ミヒェルシュパヒャー『カバラー』(1616年)。下方では5つの惑星と金属が集まり、交差する炎の剣の幻を見ている。その上では、中央の「光の泉」のなかに冠をつけたキリストが座り、左右の王（太陽）と王妃（月）に聖杯を手渡している（錬金術的な聖餐）。3層から成る水槽には、火星と金星、木星と土星、水星（メルクリウス）が配置される。右上では十字架を背負ったキリストから流れる血が「光の泉」のキリストに注ぎ込まれ、左上の神からは聖霊が鳩となって「光の泉」のキリストに降りてくる。錬金作業は本図においてキリスト教的な救済の聖劇と重なる。

ンクラは次第に大きくなる。最後に、太陽の光線が人造人間に吹き込まれると、練り粉に加えられたパン種のように、生命の息吹をもち始める。この過程が三回繰り返されて、王と王妃は再生する。

『クリスチャン・ローゼンクロイツの化学の結婚』の物語が示唆しているように、錬金作業の最終過程はいわゆる賢者の石の生成にあるが、その具体的な意味は卑金属から金を変成することではなく（この作業は七階に案内される錬金術師たちに任される低次の作業にすぎない）、生命の創出というある意味において神の領域に属する神秘的な作業である。重要なのは、ローゼンク

**▶赤い王**　偽トマス・アクィナス『錬金術について』。緑の木の下には棺と死者があり、死者の霊魂は天上に昇る。棺からは4つの霊液が流れ出している。左右に太陽と月に見守られた錬金術師がいる。この図版の中心は、緑の木のなかに描かれる「赤い王」である。錬金作業の最終目標とされる賢者の石は、「赤い王」として表現され、死から復活するキリストと同定される。16世紀制作。

**▼左・キリストと賢者の石**　クーンラートの『永遠の知恵の円形劇場』（1595年）。カバラーにおける至高神は無限定のエーン・ソーフによって象徴されるが、ここではキリストがその位置を占めている。キリストから10個のセフィロトが放射状に描かれており、その外側にヘブライ語の22文字が並ぶ。さらに外側にはモーセの10誡が示されている。霊性は中心から外側に向かうにつれて減少していく。

**▼右・キリストと賢者の石（左図の拡大図）**　カバラー的な構造をもつ大宇宙において、その中心にキリストが不死鳥の上に立つ。クーンラートは、錬金作業の最終目標とされる賢者の石がキリスト自身にほかならないことを確信していた。

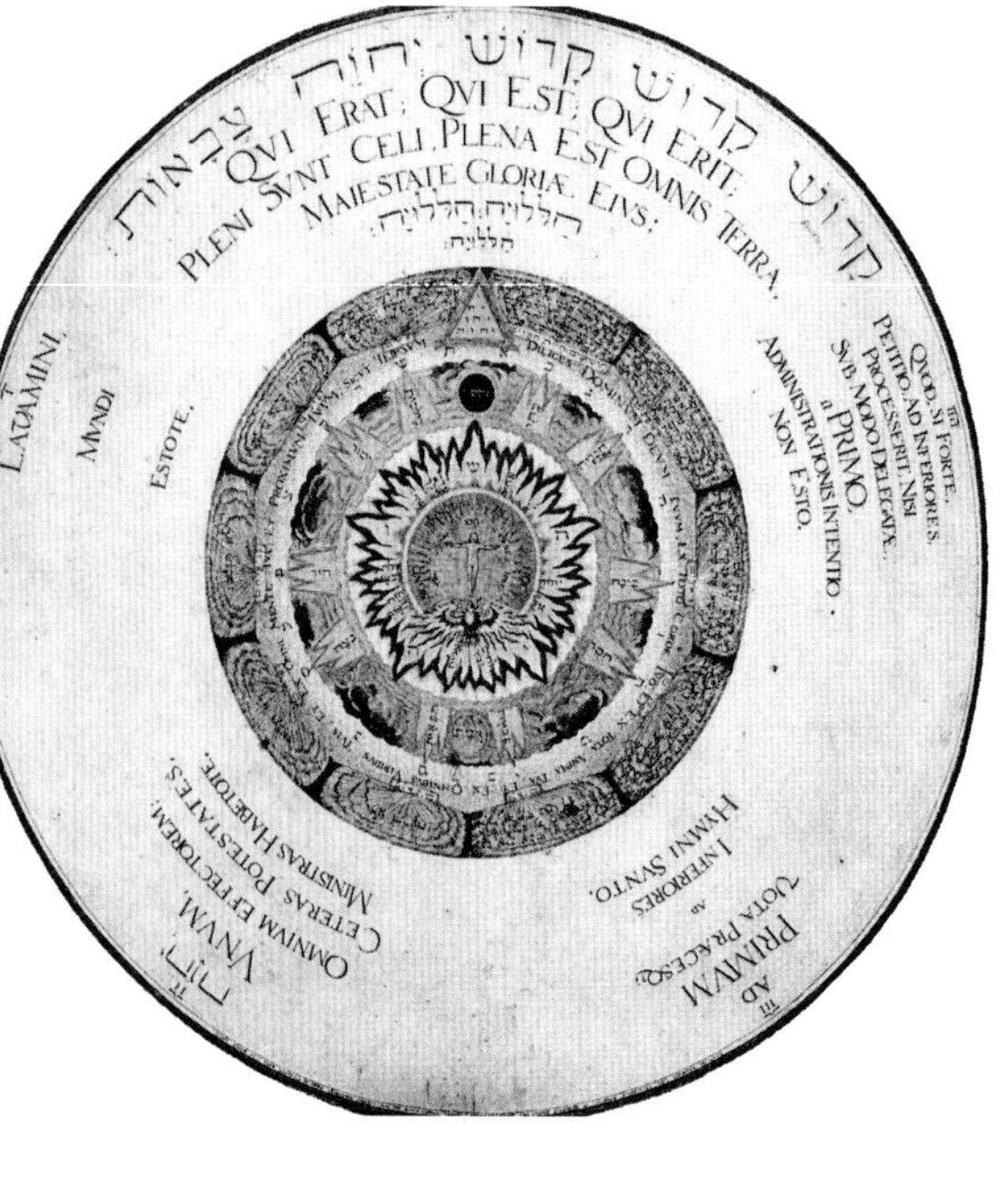


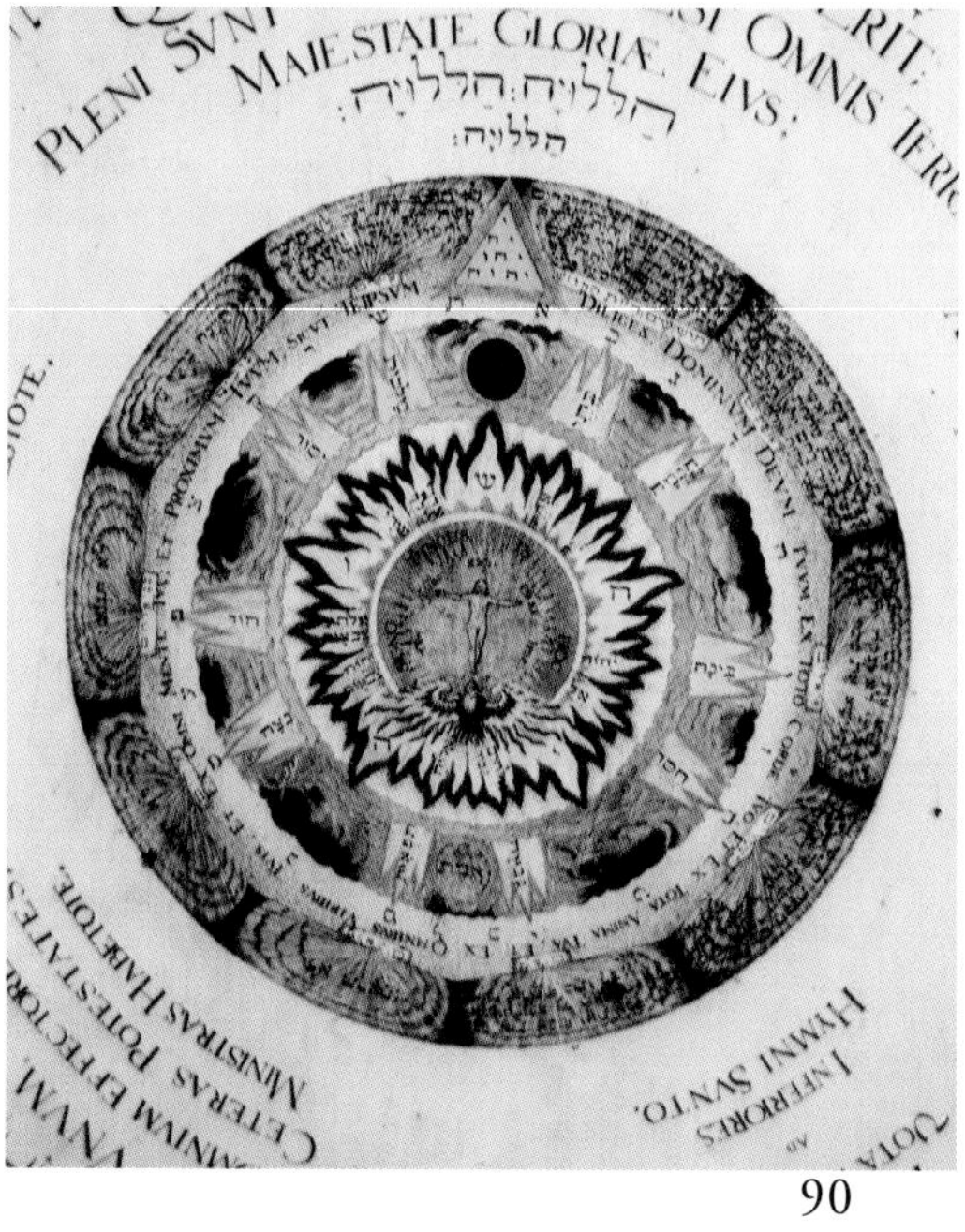

ロイツが担当するこの作業において、太陽の光線が小型の人造人間に吹き込まれたときに「生命の息吹」をもつという点である。太陽の光線に含まれている生命霊気が、地上における「生命」というもっとも不思議な存在を誕生させるのに必要とされる。本章の冒頭で触れたように、錬金術文献のなかでも特別な位置を占める「エメラルド板」の主題は「一なるもの」であり、この「一なるもの」の本体はプネウマ、すなわち生命霊気そのものである。ローゼンクロイツは、太陽光線に含まれる（賢者の水銀、あるいは賢者の石そのものともいえる）生命霊気を利用して、人造人間を創造することに成功したのである。

　このようにして錬金作業の最終段階には、生命の創出という場面が位置づけられている。『クリスチャン・ローゼンクロイツの化学の結婚』において新しく生まれる人間が「王」と「王妃」とされていることに注意しなければならない。さらにいえば、錬金術において王と王妃は、「赤い王」と「白い王妃」として現われる。赤と白は、錬金作業における「黒化」「白化」「赤化」のあとの二段階に言及するものであり、錬金作業の最終段階は「赤い王」の出現によって完成するということができる。

「赤い王」が誕生する例としては、ジョージ・リプリーの三八連から成る『古歌』（カンティレーナ）がある。これについてユングは、『結合の神秘』において周到な分析を試みている。跡継ぎのないまま死を予感した老王は、新しく生まれ変わるために、母の子宮に戻ることを決意する。老王は、母の胎内において「溶解」され、プリマ・マテリアの状態になる。身ごもった母は、胎児のための滋養物として、孔雀の肉を食べ、緑ライオンの血を飲む。時が満ちると、「赤い息子」が現われ出て、喜びに満ちて王位を継承する。

　ニュートンも一六八〇年頃に書いたとされる手稿において、赤い王の誕生に至る錬金作業を「黒化」「白化」「赤化」という三つの段階で表現している。第一の作業は、「吸収・同化、腐敗によって、物質をそのあらゆる滓から浄化」する「黒化」の段階である。第二の作業は、適切な「溶媒」のなかで太陽と月が合体したのち「幼き王」が生まれるという「白化」の段階である。第三の作業は、新しく生まれた「幼き王」が、「腐敗せる物質から蒸留によって抽出された乳」によって育まれ、「太陽の性質」を強めていく「赤化」の段階である。三つの作業がそれぞれ具体的にどのような内容のものであるかは明確ではないが、錬金作業の進行を「幼き王」の誕生とその生長とい

**▲復活するキリスト**　『賢者の薔薇園』（1550年）の最終図であり、錬金作業の到達点がキリストの復活として示されている。この図の直前には、「賢者の息子」の誕生、さらにその前には「太陽を食らう緑ライオン」が配置されており、ライオンが太陽を飲み込む行為には超自然的な宗教的意味がこめられている。

# 王と王妃の寓意

## サロモン・トリスモシン『太陽の輝き』より

▲**王と王妃**　太陽と月はそれぞれ赤い太陽と白い月として表現され、その下には赤い衣服を着た王と青白いドレスを着た王妃が

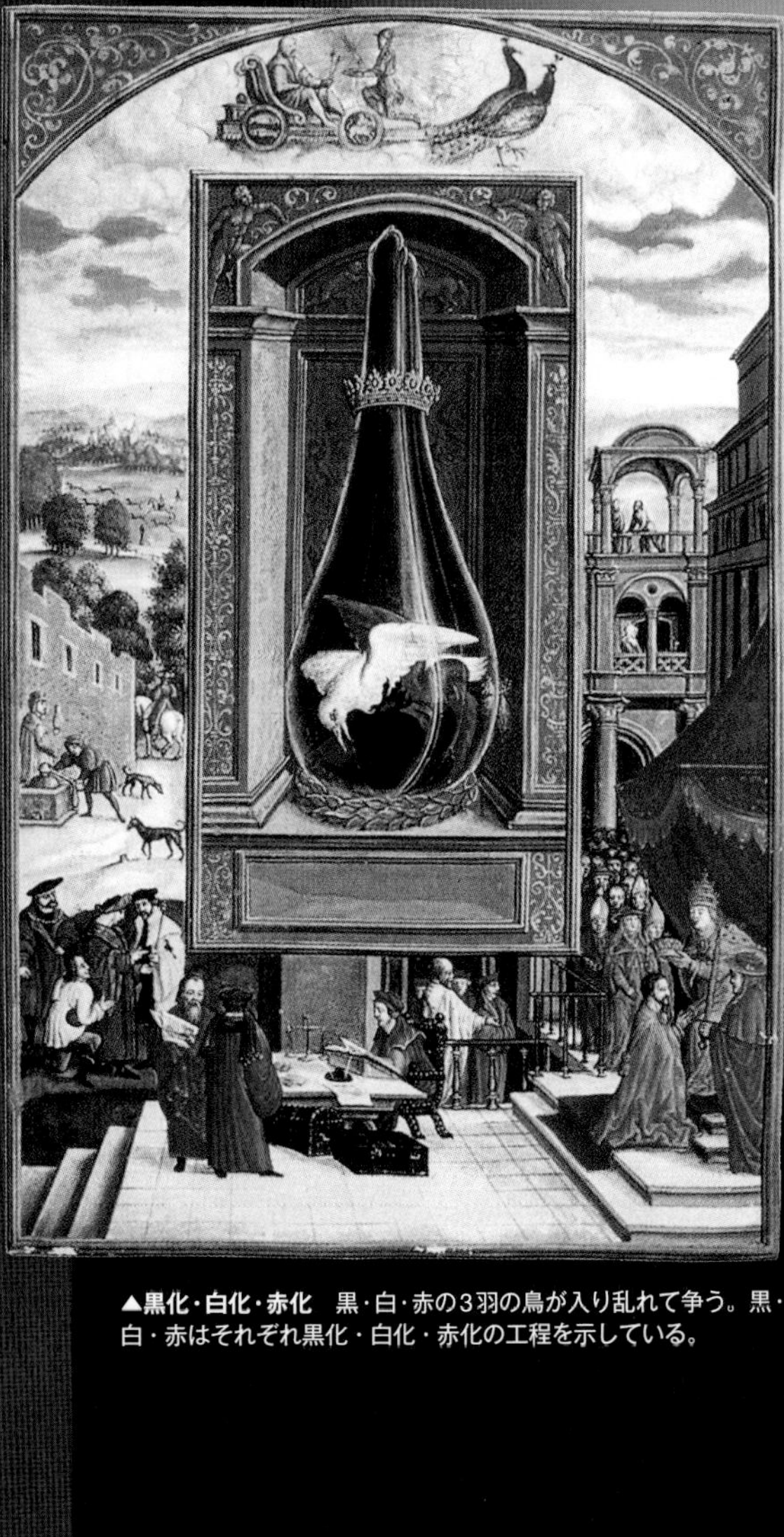

▲**黒化・白化・赤化**　黒・白・赤の3羽の鳥が入り乱れて争う。黒・白・赤はそれぞれ黒化・白化・赤化の工程を示している。

▲**ドラゴンの変容**　メルクリウスである少年がすべての作業の出発点となるドラゴンの口に液体を注ぎ込み、ふいごで加熱するとドラゴンは自ら吐き出す火によって燃え尽きる。

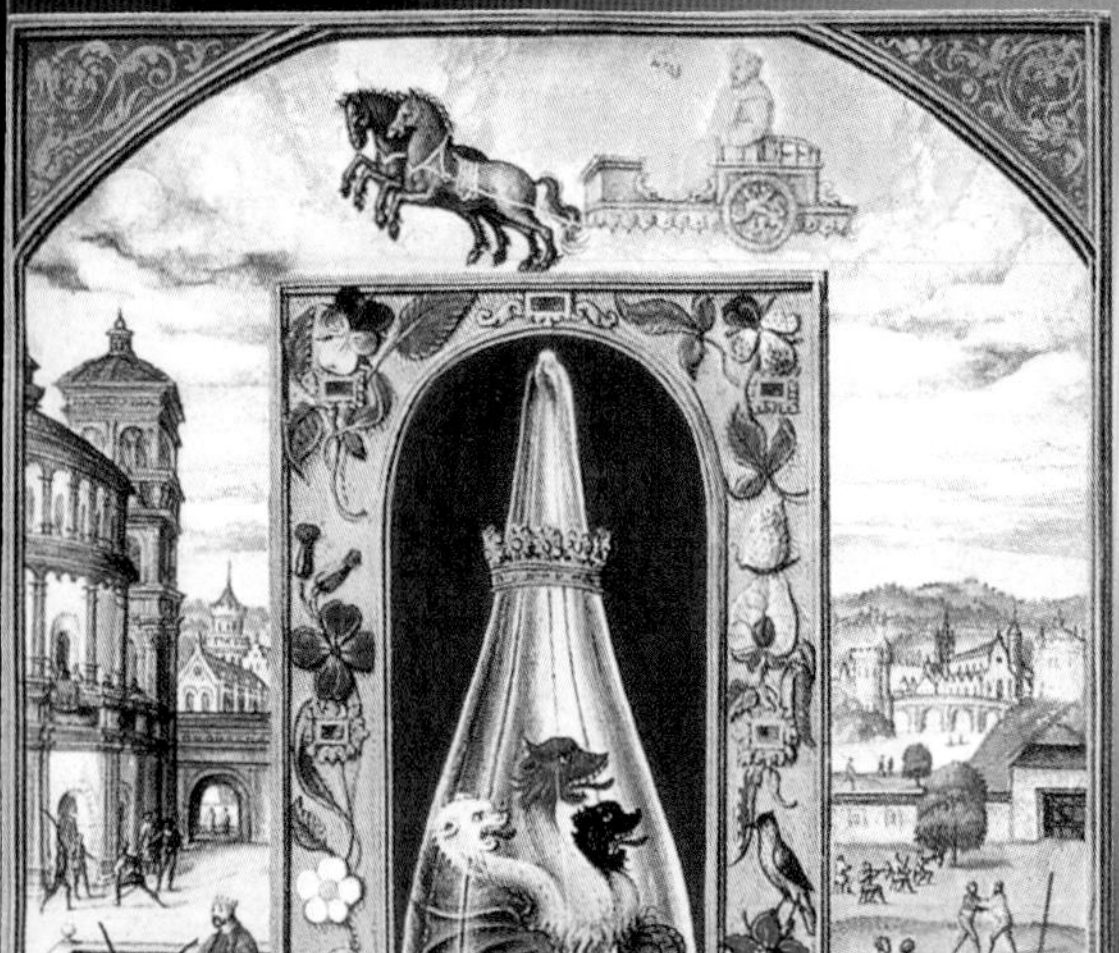

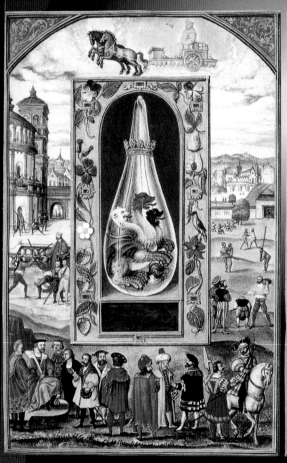

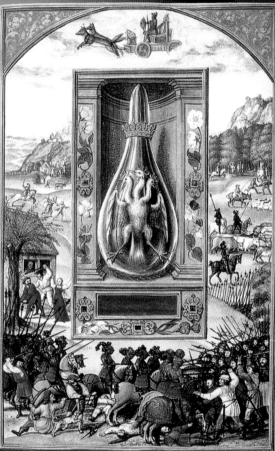

**▲3頭のドラゴン**　黒・白・赤の3つの頭をもつドラゴンとなる。

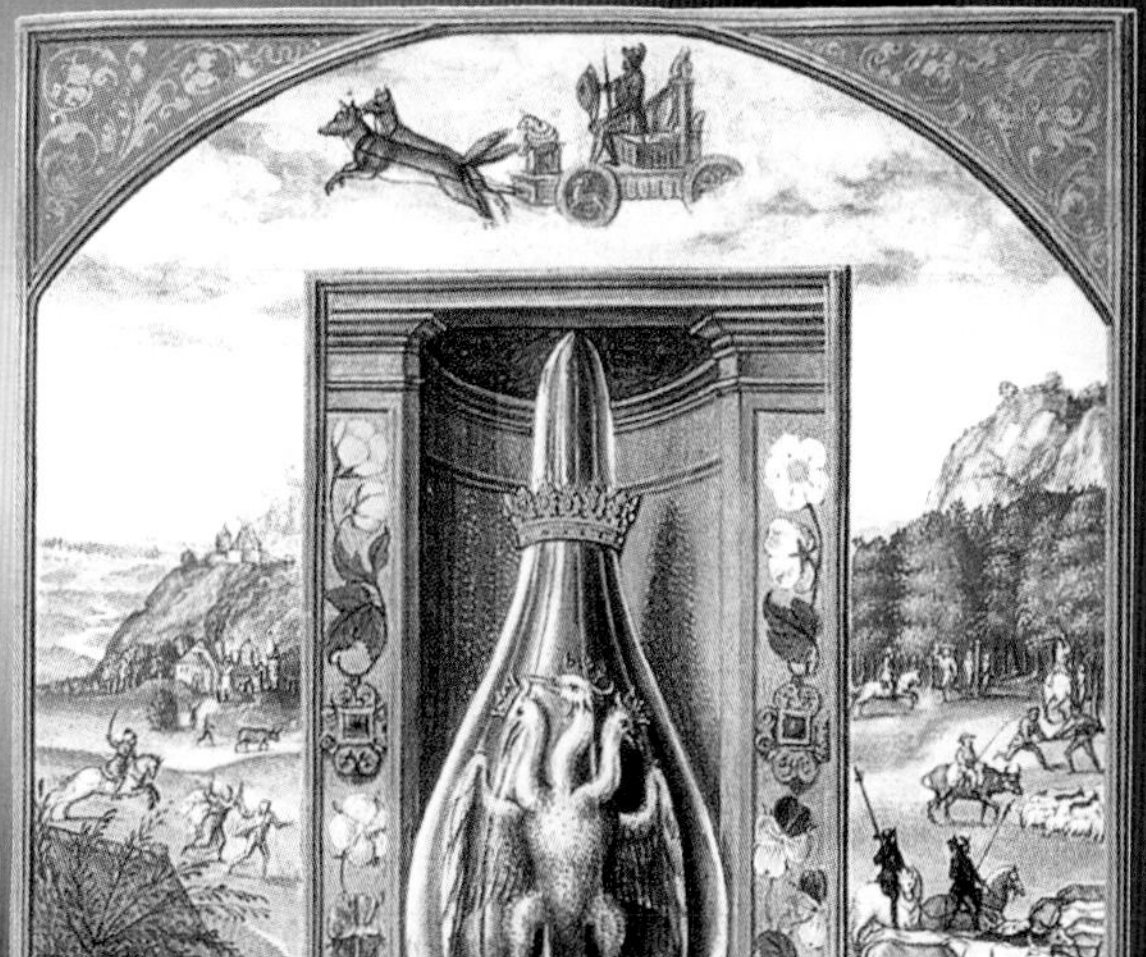

**▲鳥から鷲へ**　3羽の鳥は、3つの頭をもつ鷲に変容する。

▲**白い王妃**　白い王妃の誕生であり、白化を表わす。

▲**孔雀**　虹色の羽根をもつ孔雀（賢者の水銀）へと変わる。

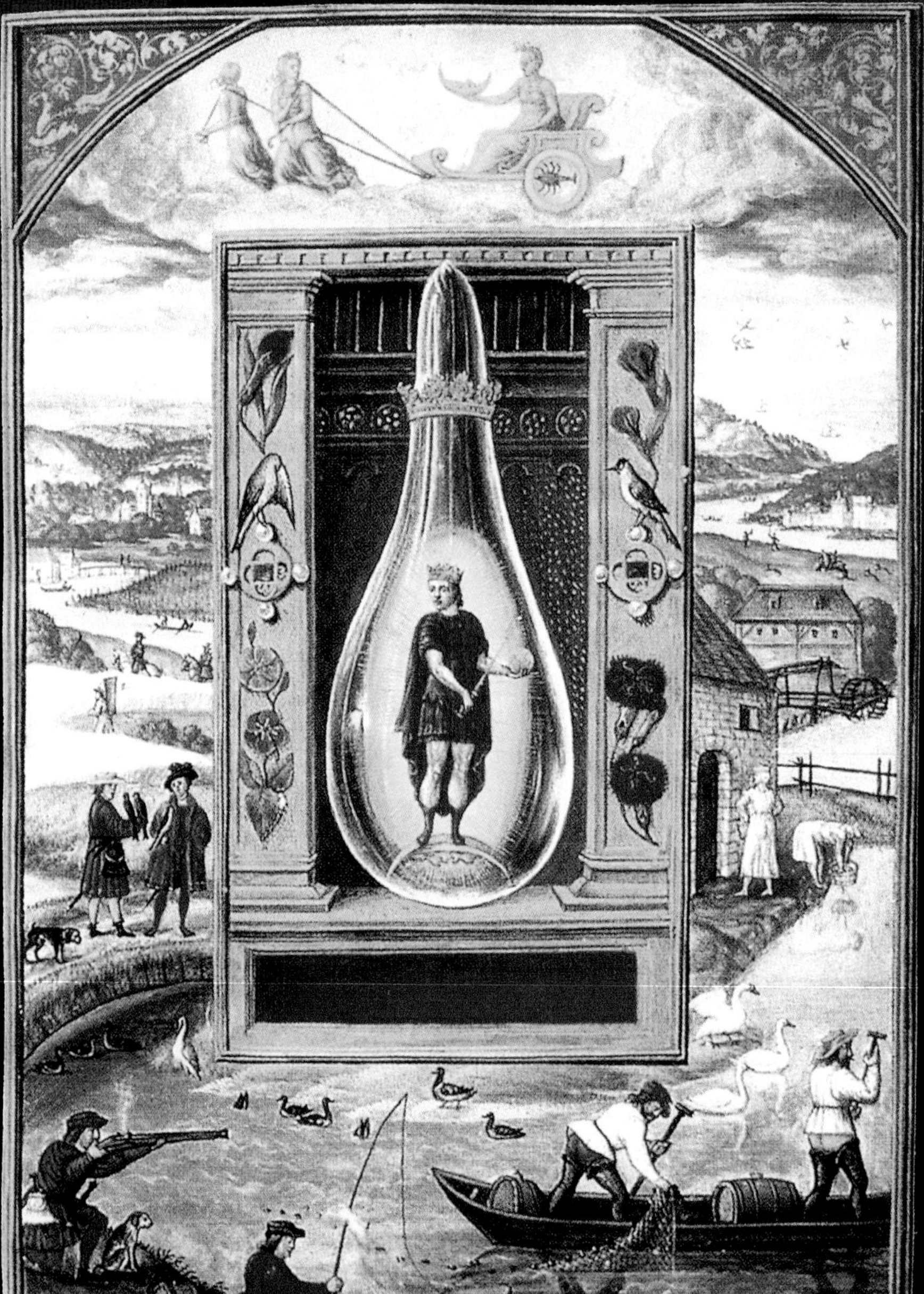

▲**赤い王の顕現**　赤い王（賢者の石）が出現することにより（赤化）、錬金作業は完了する。

うかたちで説明しているということが重要である。興味深いことは、前節でも触れたように、金属アンチモンはレグルスと呼ばれるが、レグルスとはラテン語で「小さな王」を意味しているということである。錬金作業の過程において「幼き王」が生まれ、生長して赤い王となるという記述には、アンチモンの変容と賢者の石の生成に過程が重ねられているのである。

## 『太陽の輝き』

サロモン・トリスモシンの『太陽の輝き』は、一六世紀後半に最初に出版されて以来、二二枚のカラー図版を掲載したものなどを含めてさまざまなかたちで刊行されてきた、代表的な錬金術図解の書である。『太陽の輝き』の中心となる図版は、フラスコのなかで起こる錬金術の物質変容を七枚の図版で描いたものである。この図版は、少年がすべての作業の出発点となるドラゴン（作業の素材）の世話をしている段階から始まり、黒・白・赤の三羽の鳥がたがいにつつきあっている場面（黒・白・赤はそれぞれ黒化・白化・赤化の工程を示している）、三羽の鳥が黒・白・赤の三頭をもつ鷲、さらに三頭のドラゴンに変容する過程、虹色の羽をもつ孔雀へと変わったのち、王妃（白い王妃）と王（赤い王）の誕生で完了する。『太陽の輝き』の主題は、その表題が示しているように、「太陽」の象徴する生命霊気あるいは賢者の水銀を抽出して固定するという錬金作業を図版によって表現することにある。荒廃した大地に姿を現わす黒い太陽は、錬金作業の腐敗を示しており、再び輝きを取りもどした太陽は死から再生する自然を象徴する。『太陽の輝き』はその「序」において、すべての金属の根源は賢者の水銀である、と明言している。なお、著者についてはほとんどわかっておらず、サロモン・トリスモシンという名前は筆名であると思われる。ドイツ語版（一五九八年）やフランス語版（一六一二年）のほかに、英語版としてウィリアム・バックハウス訳によるオックスフォード大学ボドリアン図書館版（一六一八年）がある。なかでも大英図書館版（ハーリー写本三四六九・一五八二年）はみごとな装丁の彩色写本であり、現在流布している『太陽の輝き』のカラー版のほとんどがこの版の複製である。

賢者の石は、物質から抽出された生命霊気であり、物質そのものは霊性を回復して完成の段階に到達する。この過程が赤い王の出現の意味であり、地上的な人間が霊性を回復する過程と重ねあわされる。錬金術とは「無意識の中におけるキリスト教の神秘の継続」であり、錬金術の目指したものは「霊妙体、変容聖化した復活体、すなわち単なる肉体〔物質〕ではなく、同時に霊的でもある肉体〔物質〕を製造する」ことである（『心理学と錬金術』）というユングの証言があるが、修道士たちによる錬金術研究の時代から、すでにヨーロッパ錬金術は必然的に賢者の石をキリストと同一視する方向に向かっていたのである。

『賢者の薔薇園』（一五五〇年）の最終図版として配置されているのは「復活するキリスト」である。錬金作業の到達点がキリストの復活として示されている点は重要である。アラビアから錬金術が移植されて以来、ヨーロッパでは錬金術のキリスト教化が進行しており、賢者の石がキリストに重ねられることはある意味において必然であったのかもしれない。この図版の直前には、「賢者の息子」の誕生、さらにその前には「太陽を食らう緑ライオン」が配置されており、ライオンが太陽を飲み込む行為には超自然的な宗教的含意があることを物語っている。「復活するキリスト」の図版は、一六二二年にヨーハン・ミューリウスの『改革された哲学』において再録されているが、キリストは「王」に姿を変えて登場しており、錬金術における「王」、すなわち「赤い王」の象徴するものがキリストにほかならないことを示している。

# 第四章……ロマン主義からモダニズム芸術へ

## I…ベーメのキリスト教神智学

### ベーメの思想

一八世紀初頭にニュートンがこの世を去る頃には、自然科学は天文学・物理学・化学・地質学・医学・薬学・農学というように独立した学問として分化し始めており、錬金術を錬金術として研究するという風潮はほぼ消滅していた。一八世紀以降にも命脈を保ったのは、ヤーコプ・ベーメに代表されるキリスト教神智学的な錬金術であり、これがロマン主義的な思潮に圧倒的な影響力を及ぼすことになる。

ベーメは一五七五年にボヘミアに近いドイツ国境の貧しい家庭に生まれ、靴職人の徒弟として修業を始める。ゲルリッツに落ち着くと、一人前の靴職人として生計を立て、結婚して六人の子どもを育てる。一六〇〇年には、太陽光が皿に反射しているのを見て、神的な光に取り囲まれているという神秘体験をもつ。それまでは罪と悪の問題、神とキリストの本質に関わる疑義などの問題に悩み続けていたベーメであったが、一瞬のうちに神との婚姻という不可思議な経験をするとともに、人間と自然の本質を見る眼が与えられた。それはある意味において想像力の目覚めともいうべき瞬間であった。一六一二年にベーメは自らの神秘体験を基にして『曙光（アウローラ）』を書き、さらにその後七年間の沈思黙考の期間を経て、『シグナトゥーラ・レールム』など膨大な作品を産み出す。

ベーメの思想は当初ドイツではキリスト教神智学に関心を寄せる少数の人々以外には受け容れられず、むしろオランダやイギリスにおいて好意的に受け入れられた。ジョン・スパロウは一六四五年から五二年にかけてベーメの主要作品を英訳しており、イギリスにおけるベーメ思想の普及に大きな役割を果たした。一七世紀末にベーメ主義者たちは、ジョン・ポーディッジやジェイン・リードなどのようなキリスト教神秘主義者を中心にして一つのグループ（フィラデルフィア協会）を形成するようになる。この協会にはケンブリッジ・プラトニスト

▲ヤーコブ・ベーメ　錬金術の用語を駆使して、独創的なキリスト教神智学を確立した。

の一人ヘンリー・モアなどが参加していることからも、コンウェイ子爵夫人アンを中心とする錬金術グループと並行して展開した神秘主義研究グループであることが理解される。

　スパロウの英訳版を基にして、新たに『ベーメ著作集』（第一巻と第二巻は一七六四年、第三巻は一七七二年、第四巻は一七八一年）が出版される。この版はウィリアム・ローの序文を付していたためにロー版『ベーメ著作集』として流布することになる。ドイツ語版としては、禁欲主義的な神智学者としてオランダで活躍したヨーハン・ゲオルク・ギヒテルの編集による『ベーメ全集』（一六八二年・アムステルダム）がある。ギヒテルは『実践神智学』（正式名は『人間のなかの三原理と三世界の簡単な啓示と指針』、一六九六年）において難解なベーメの思想の一部を図解によって示したことでも知られている。同書には四枚の図版が挿入されており、「ギヒテルによる宇宙的な人間」の（三）と（四）は堕罪前の人間、（一）は堕罪後、（二）は再生した人間の姿を示している。

　ロー版『ベーメ著作集』の各巻には、A・フリーアーによるベーメ思想の図解が収録されている。第二巻は、「鍵（Clavis）」と題する一三枚の図版であり、そのうちの一〇枚を「ベーメ神智学の図解」（a）から（j）として掲載した。第三巻は「第一表」（堕罪前）、「第二表」（堕罪後）、「第三表」（再生）という三種類の図版であり、そのうち「第三表」を「フリーアーによる宇宙的な人間」（一）と（二）として掲載した。第四巻は一枚のカラー図版であり、「フリーアーによる天地創造」（一〇一ページ参照）として掲載した。この図版は、第二巻の「鍵」で個別に分析されたものをまとめたものであり、ベーメ神智学の要約となっている。以下、「フリーアーによる天地創造」に従って、簡単にその内容を見てみよう。

## ベーメの「天地創造」

　ベーメの神智学は、原初的な源としての永遠の「一性」、すなわち「無底（深淵）」から始まる。無底は、いかなる意味においても制限を受けない絶対性の領域であり、底も時間も空間もない、真の意味における永遠である。無底には内的な力として欲動があり、神は自己実現を果たそうとして、自らの内に対立する力すなわち意志を生じる。神的領域を示す円が図版の上部にあり、上向きの三角形と下向きの三角形が交差する構図となっており、その中心にS（すなわち乙女ソフィア）が位置している。ソフィア（叡知）とは、能動的な父・子・聖霊の三位一体（図版では円の周縁部のAdonaiで示される）に対して、その力を受けとめて活性化する受動的な場として位置づけられており、錬金術的には、男性原理に対置される女性原理であるといえる。

　天地創造は神の自己展開として進んでいくが、まず七つの性質によって動く「永遠の自然」として顕現する。七つの性質は、最初の三つの性質、すなわち収縮する「渋さ」、外に向かう「苦さ」、両者の対立から生まれる「不安」から成り、図版では右側の暗黒の円によって示される。第四の性質は、「稲妻」あるいは「閃光」である。暗黒の円の左側にある四角形のなかには、暗黒の半円と光の半円が交わる部分で閃光が発しており、稲妻の模様も見える。第五から始まる三つの性質は、「愛の欲（光）」、「響き（音）」、「霊的なからだ（形）」であり、図版では左側の光の円によって示される。暗黒の円には、土星・水星・火星の記号をもつ黒い三角形、光の円には、金星・木星・月の記号をもつ白い三角形が見える。錬金術的には、暗黒の円と光の円がそれぞれ黒化と白化を指しているとすれば、左右の下に見える心臓は赤化を指している。ベーメの神智学がさらに錬金術的な様相を帯びているのは、この暗黒の円が第四の性質たる「閃光」を経由して光の円へと展開する過

**ヨーハン・ゲオルグ・ギヒテルによる宇宙的な人間**

▼下（1）人間の内部にも内なる惑星が存在するというパラケルススの発想はベーメに継承され、人間の堕罪と再生が天体の変化によって示されている。ギヒテルは4つの局面からこの変化を図解している。本図は、再生前の地上的人間の姿である。心臓には太陽が位置しており、それを蛇が取り囲む。太陽から金星、火星、水星、木星、月、土星という順で惑星が螺旋的に配置され、それぞれの記号が示されている。心臓とは反対の位置に犬が描かれており、太陽（＝霊性）と対極にある地上（＝物質性）を示している。『実践神智学』ドイツ語版。

◀左上（2）前図に続く図版であり、再生した人間を示している。心臓を取り囲んでいた蛇は消え、イエスが心の内奥から復活する。『実践神智学』フランス語版。

◀左下（3）堕罪前の人間の姿であり、身体の各部の機能との関係は次のとおりである。額は聖霊、咽頭部はソフィア（叡知）、心臓はイエス、腹部はイェホヴァ、生殖器は暗黒世界。『実践神智学』ドイツ語版。

◀左ページ上（4）前図の背面を示しており、身体の各部の機能との関係は次のとおりである。首筋は感情・思考、頭部は聖霊、肛門は地獄とサタン。『実践神智学』ドイツ語版。

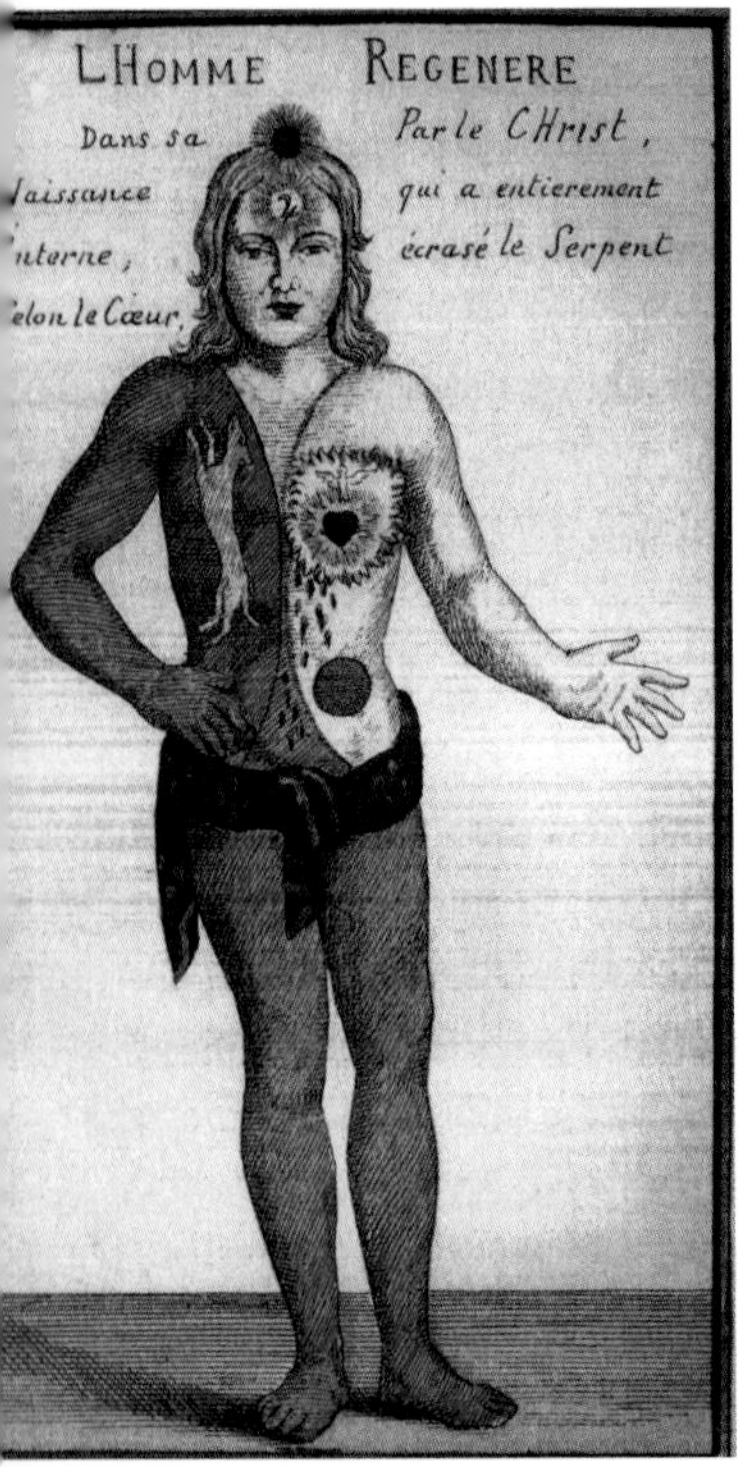


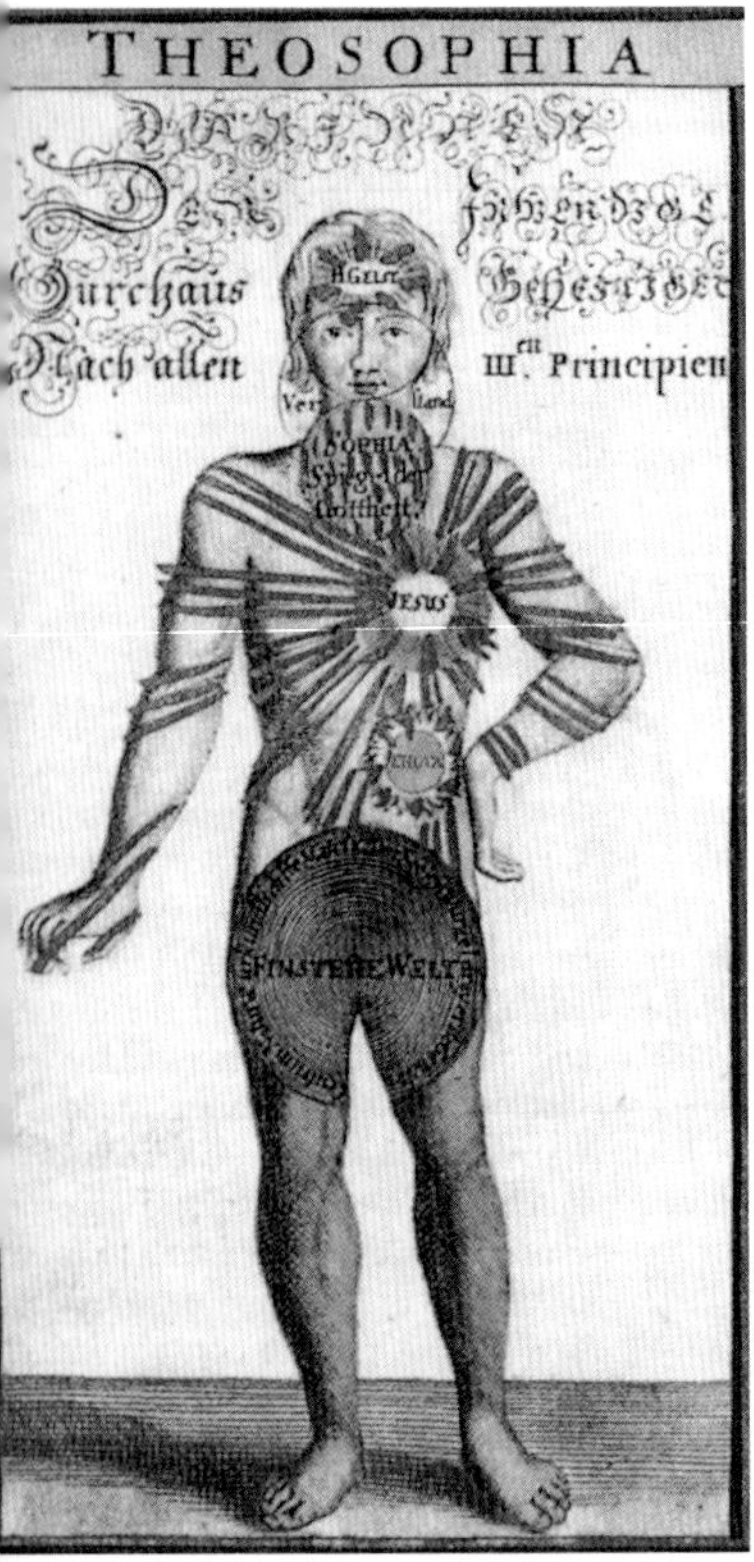

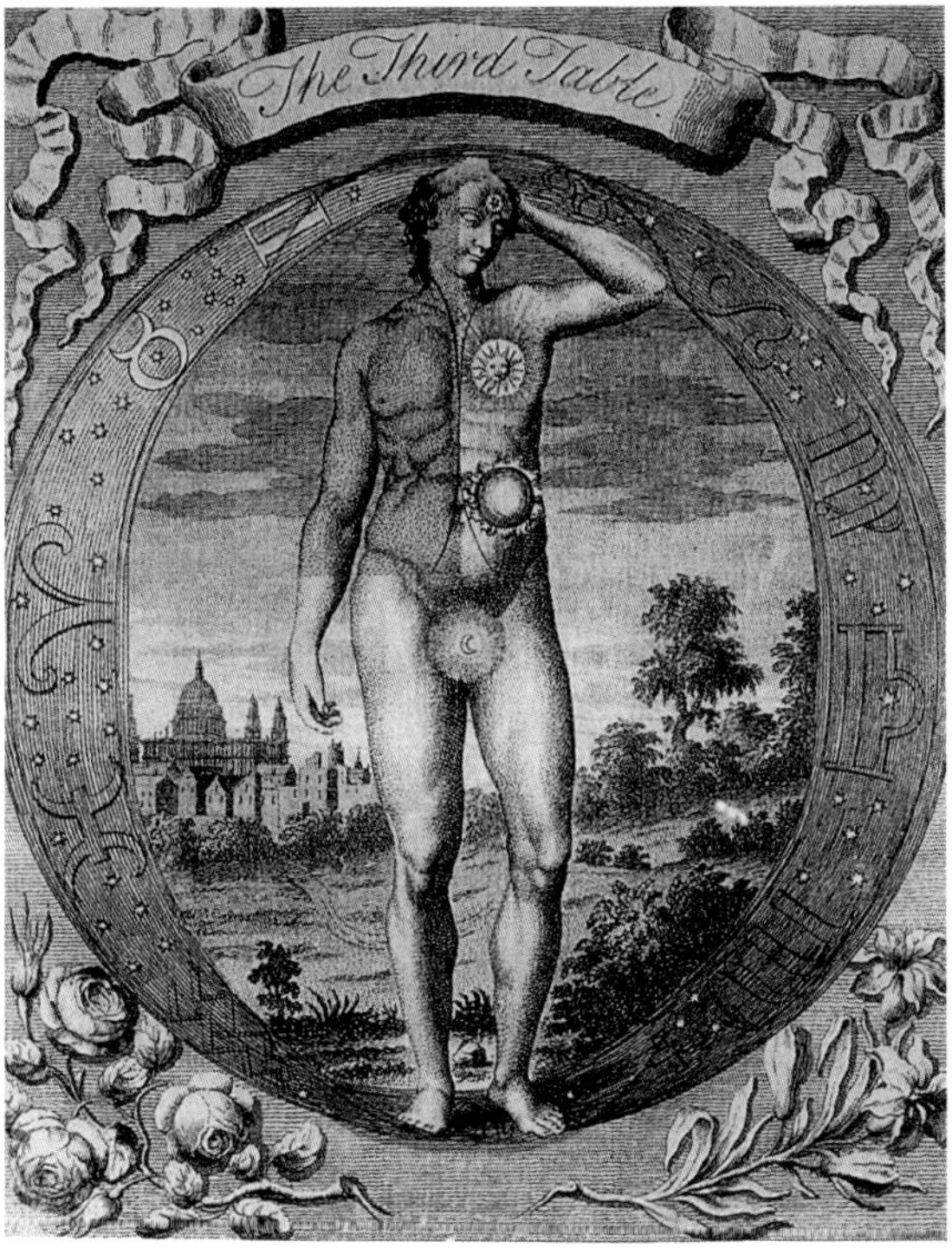


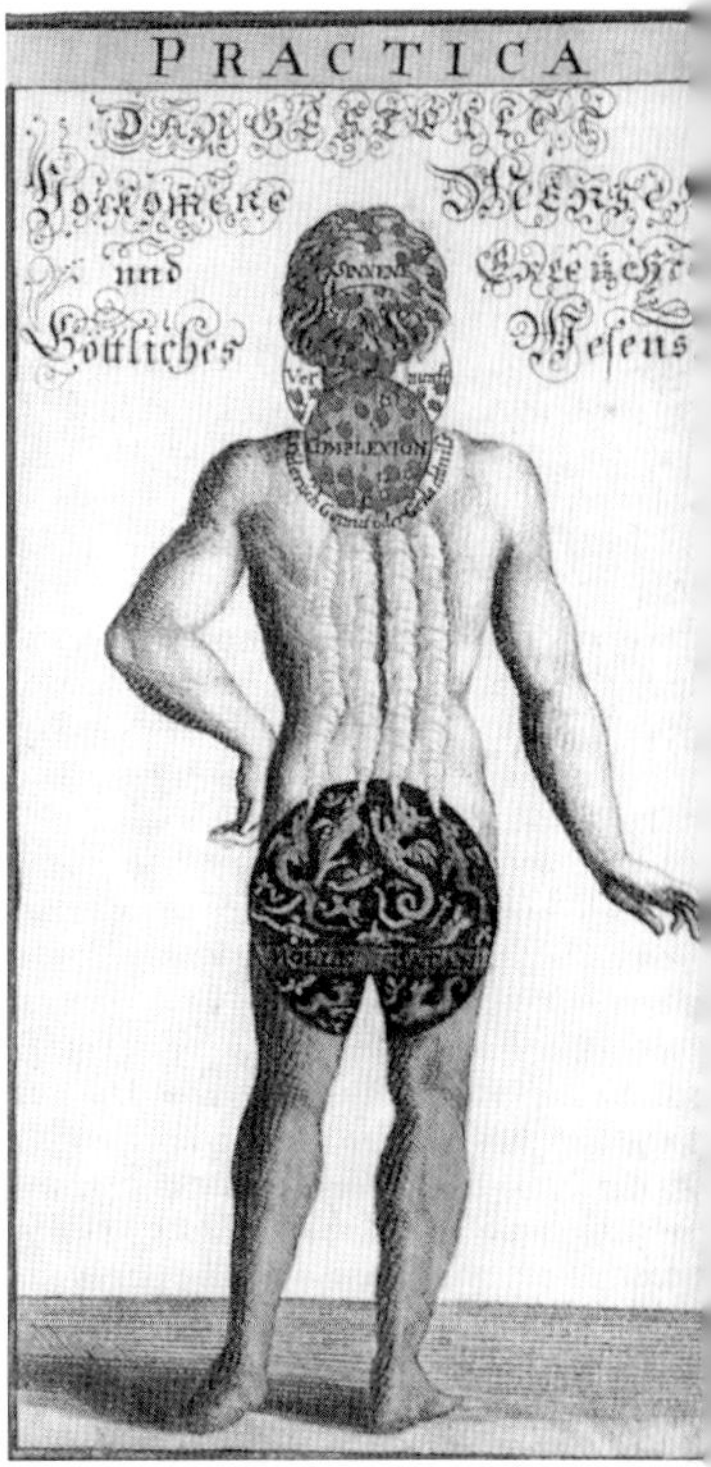


**A・フリーアーによる宇宙的な人間**

▼（1）1764年から81年にかけて刊行されたウィリアム・ロー版『ベーメ著作集』（全4巻）には、D・A・フリーアーによる図版が収録されている。ギヒテルの図版を基にしているが、さらに複雑に構成されている。本図は、1772年刊行の第3巻に掲載された「第3表」である。

▼（2）前図のフラップを開くと本図が現われ、その足もとを開くと地獄の場面が見える仕組みになっている。女性像のほうにもさらに複数のフラップが用意されており、それを開くと次々に新しい境域が展開する仕組みになっている。

程が、「ふつうの水銀」から「賢者の水銀」すなわちメルクリウスへと変容する過程を想起させるからである。第四の性質は硫黄を表わす「太陽」に相当しており、硫黄と硝石の混合物（黒色火薬）の爆発に由来する閃光である。閃光はまた、天地創造のさいの神の言葉「光あれ」の「光」の象徴で

BYSS AND ABYSS-NOTHING AND ALL-TIME AND ETERNITY.
Eternity and Time when they agree In Union joind and Harmony.
Then tis most certain that thou shalt be free From Trouble, Want, Anxiety.
ETERNAL
SECOND IMPRESSION
NATURE
FIRST IMPRESSION
INSUBSTANTIALITY
TEMPERATURE
NOTHING
SHINING.
SCHRACK.
TWO FOLD. FIRE.
SOLAR
WORLD.
HIC EXILIUM, IBI PATRIA: ET INTUS BONA PULCHRA LATENT, IMO PATENT.
VANA VANIS: TERRESTRIA TERRENIS: NOS ASSURGAMUS ET EMIGREMUS.
SURSUM CORDA

▶**フリーアーによる天地創造**　ウィリアム・ロー版『ベーメ著作集』第4巻（1781年）所収の図版であり、ベーメ神智学の核心部分を図解している。

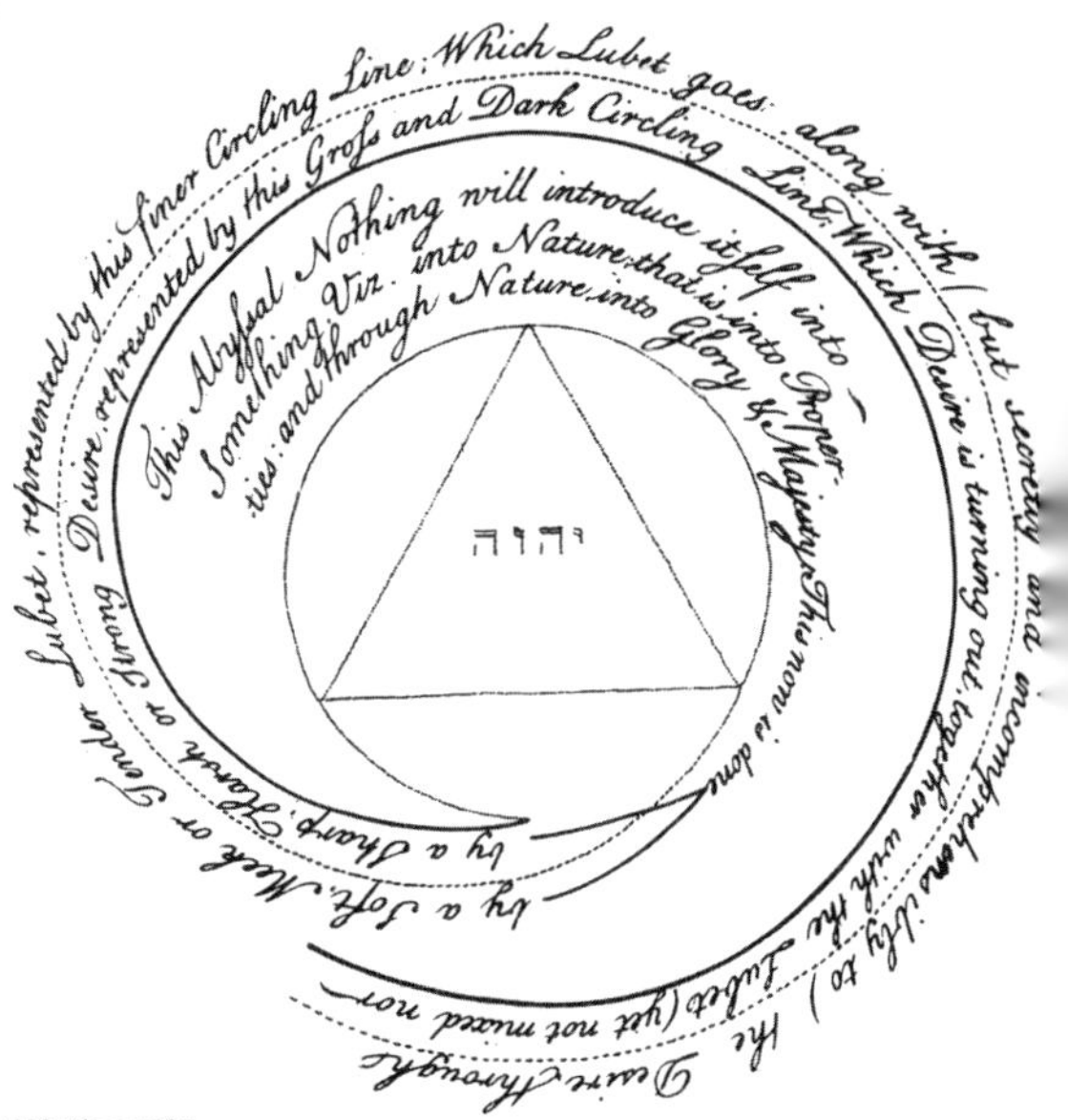


**ヤーコブ・ベーメ神智学の図解**

▲b）無底には内的な力として欲動があり、自己実現を果たそうとして「自らの内に対立する力すなわち意志を」生じる。それに続いて、7つの「性質（力）」が顕現する。第1の三つ組は、収縮する「渋さ」、外に向かう「苦さ」、両者の対立から生まれる「不安」であり、それぞれ錬金術の「塩」、「水銀」、「硫黄」に相当する。

▼d）第2の三つ組として「光」、「音」、「形」が創造される。

▲a）創造の前には、原初的な源としての永遠の「一性」、すなわち無底（深遠）がある。無底は、いかなる意味においても制限を受けない絶対性の領域であり、底も時間も空間もない、真の意味における永遠である。図版（a）から（j）までは、ウィリアム・ロー版『ベーメ著作集』第2巻（1764年）所収の図版「鍵（Clavis）」による。

▼c）続いて第4の性質である「火」が生まれる。この段階は、第1の三つ組が第2の三つ組へと変容する重要な分岐点となる。

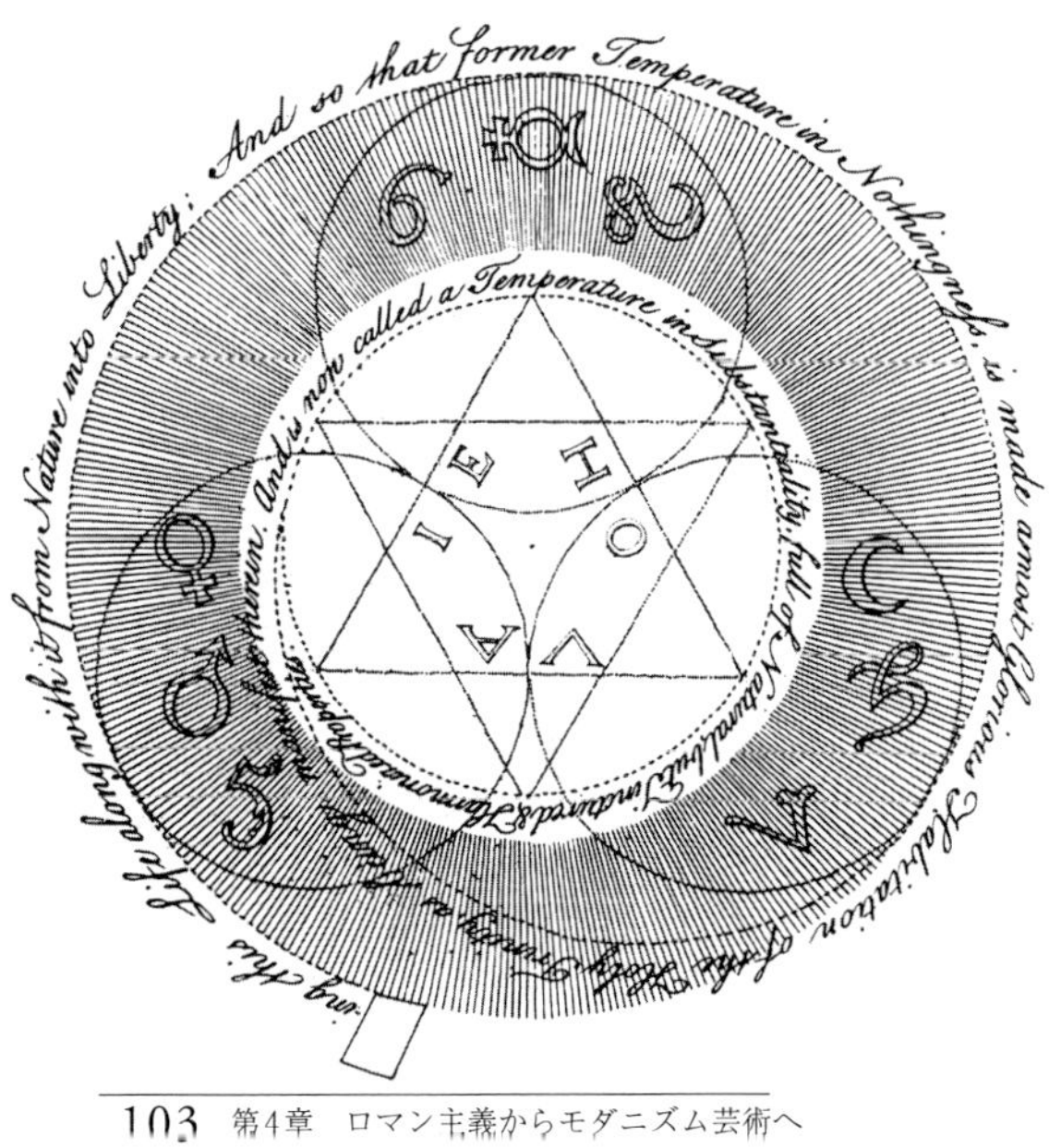

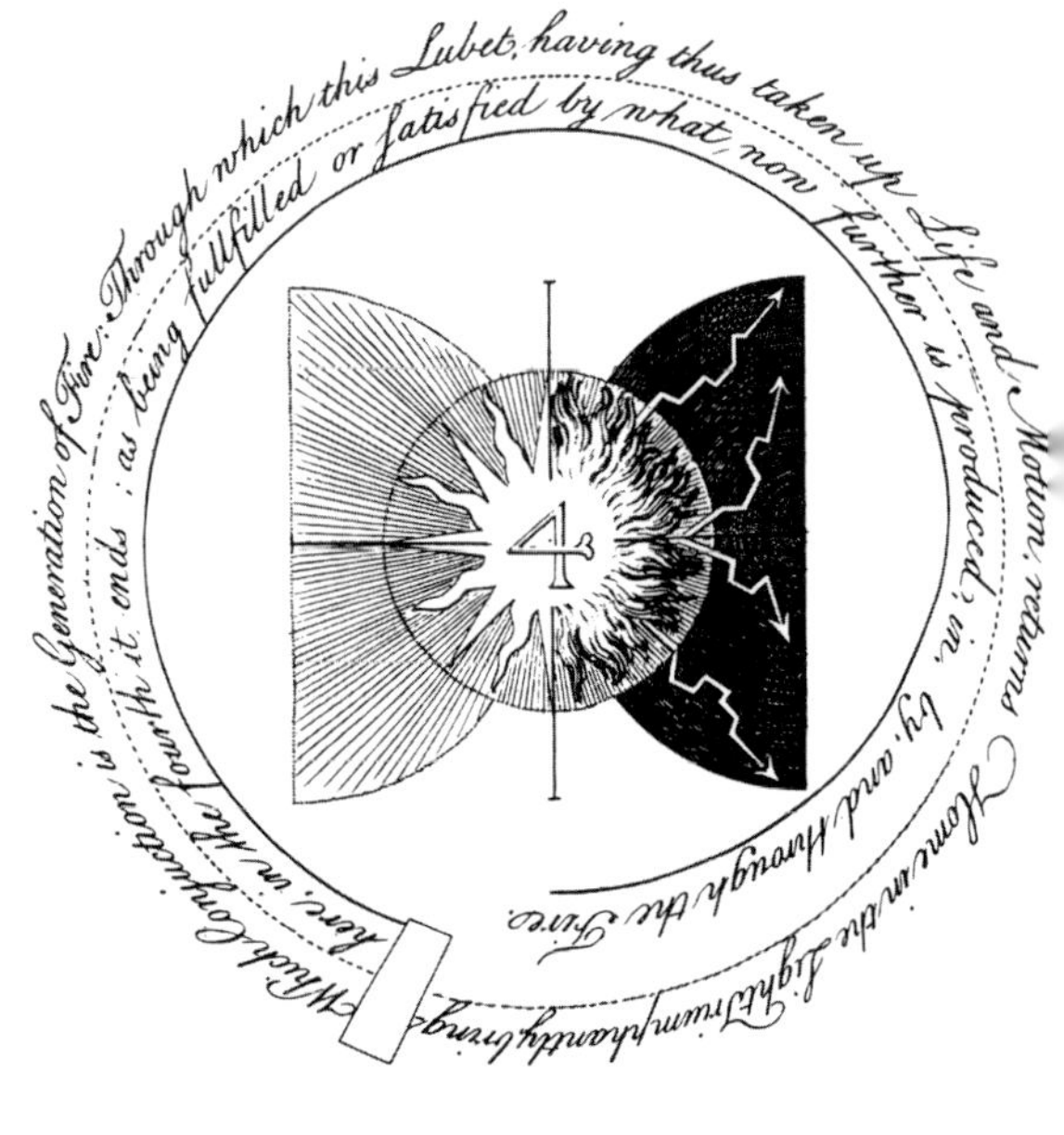

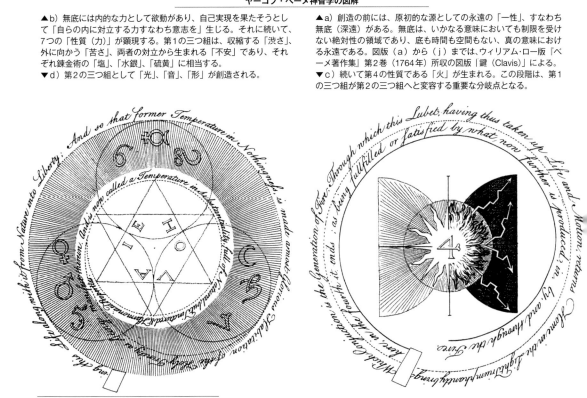

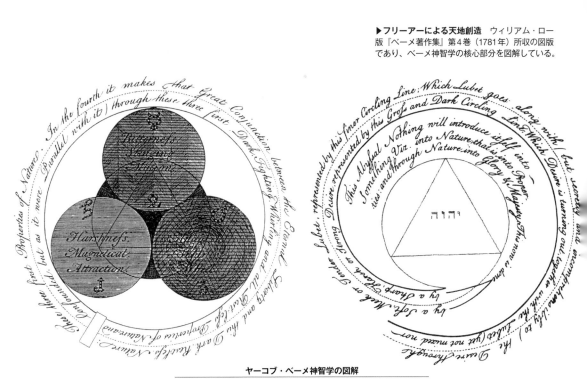

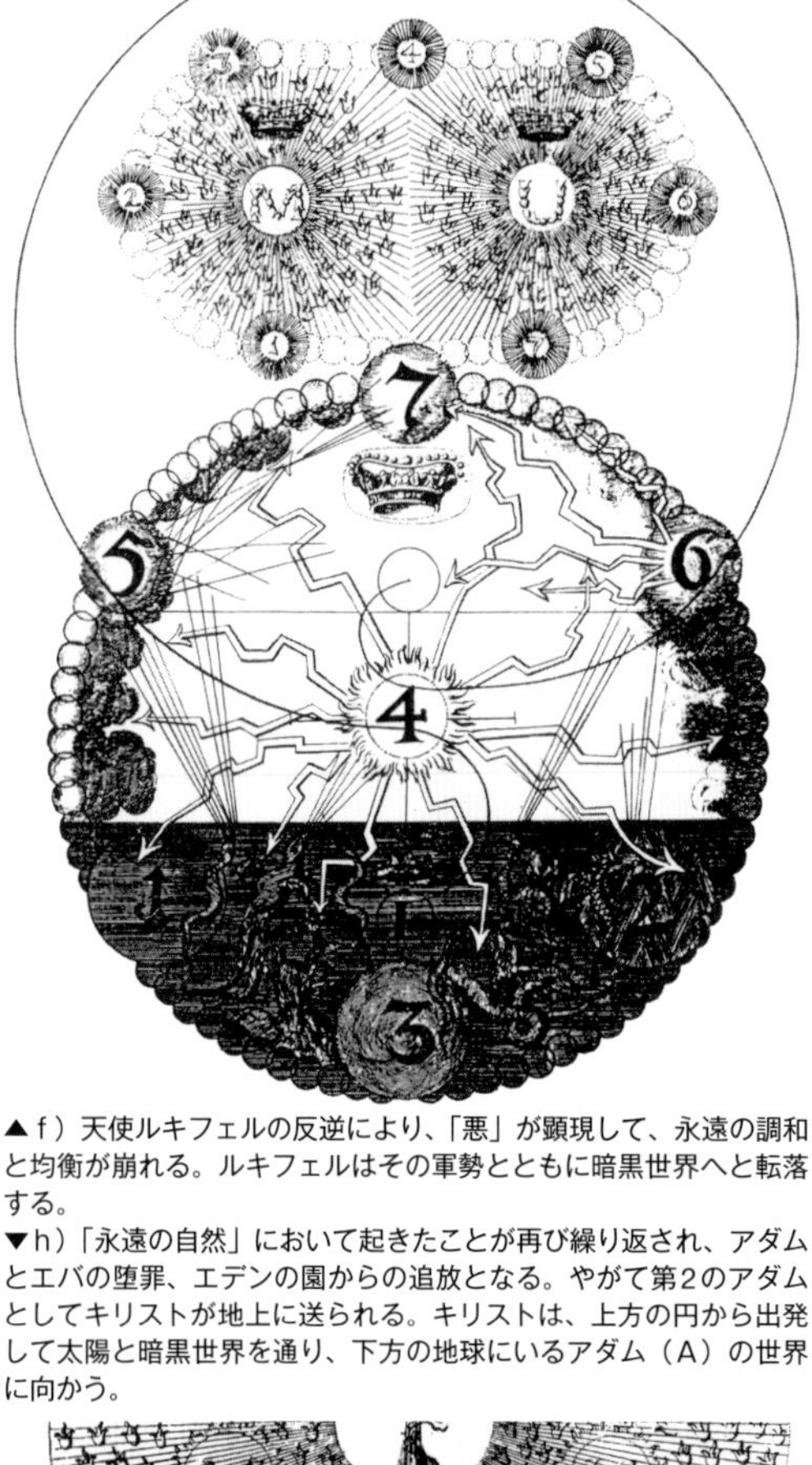


▲f）天使ルキフェルの反逆により、「悪」が顕現して、永遠の調和と均衡が崩れる。ルキフェルはその軍勢とともに暗黒世界へと転落する。

▼h）「永遠の自然」において起きたことが再び繰り返され、アダムとエバの堕罪、エデンの園からの追放となる。やがて第2のアダムとしてキリストが地上に送られる。キリストは、上方の円から出発して太陽と暗黒世界を通り、下方の地球にいるアダム（A）の世界に向かう。

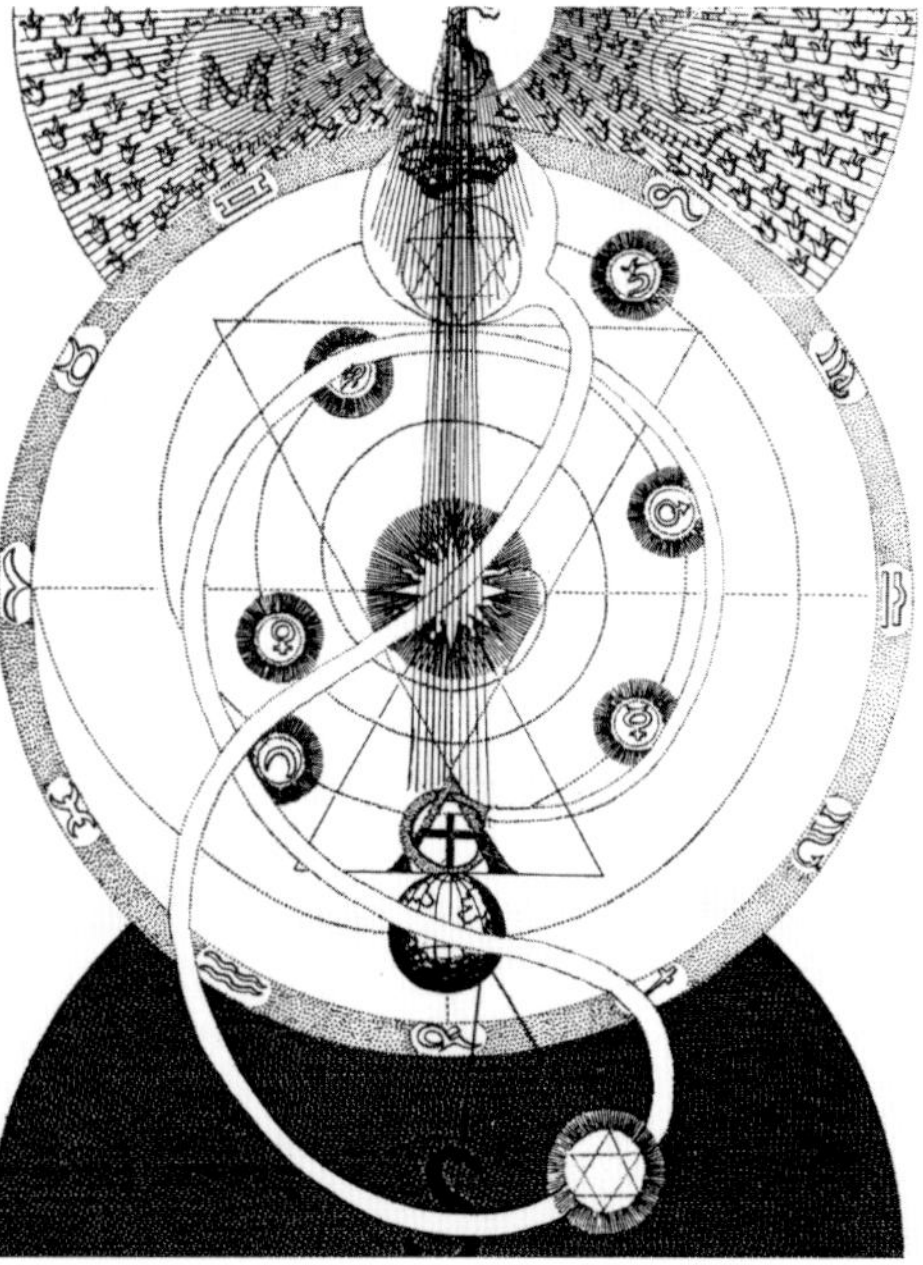

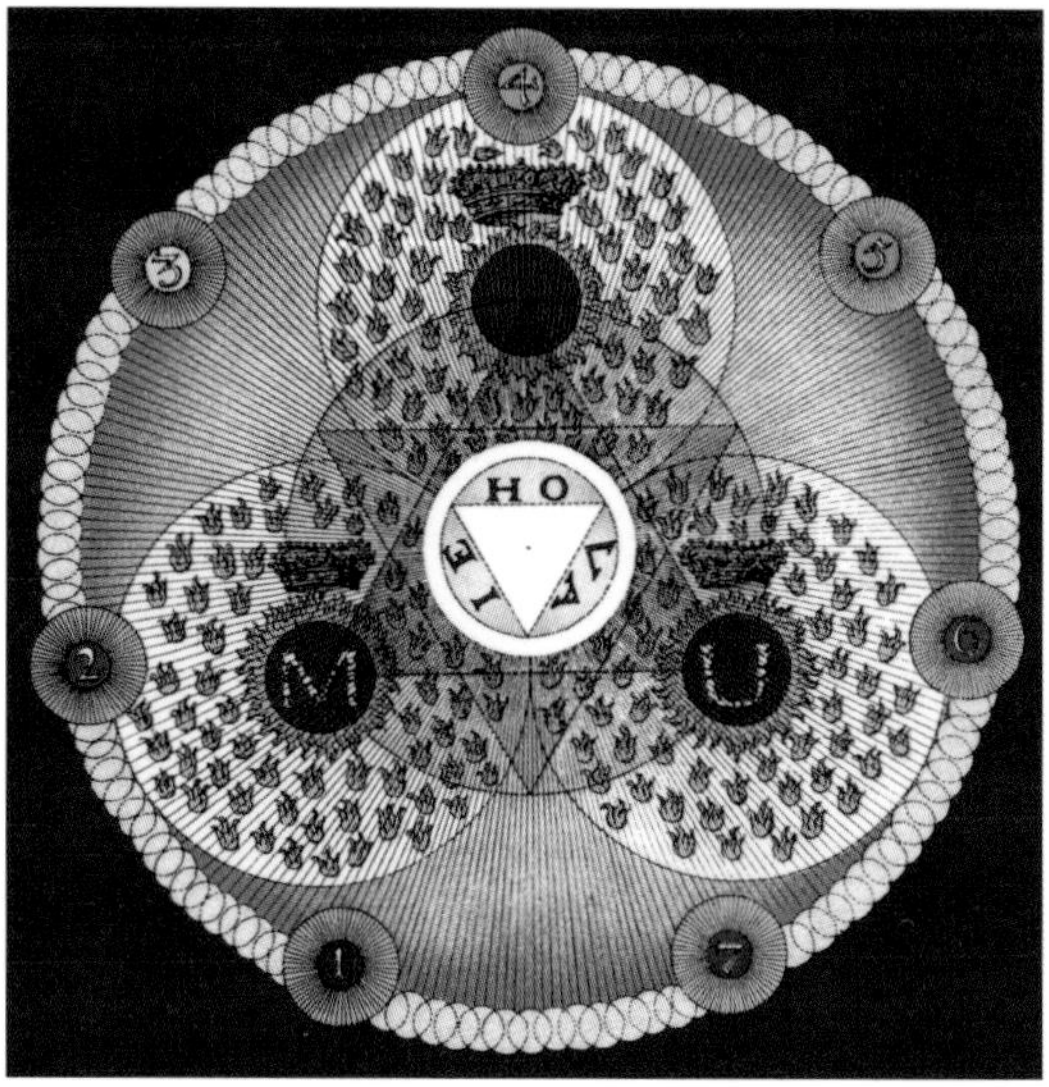


▲e）こうして「永遠の自然」がまず誕生する。神（イェホヴァ）を中心にして永遠なる者（天使）が調和のなかに存在する。MとUはそれぞれ天使ミカエルとウリエルである。

▼g）神はルキフェルの転落によって生じた空虚を埋めるべく、光の世界と闇の世界の中間に新しい自然と、その支配者として自らの似姿たるアダム（A）を創造する。中心に太陽があり、地球は下部に配置されている。アダムは当初、神と同じように女性的半身としてのソフィアと一体化していたが、地上的なものに眼を奪われてしまったために、ソフィアはアダムから分離する。

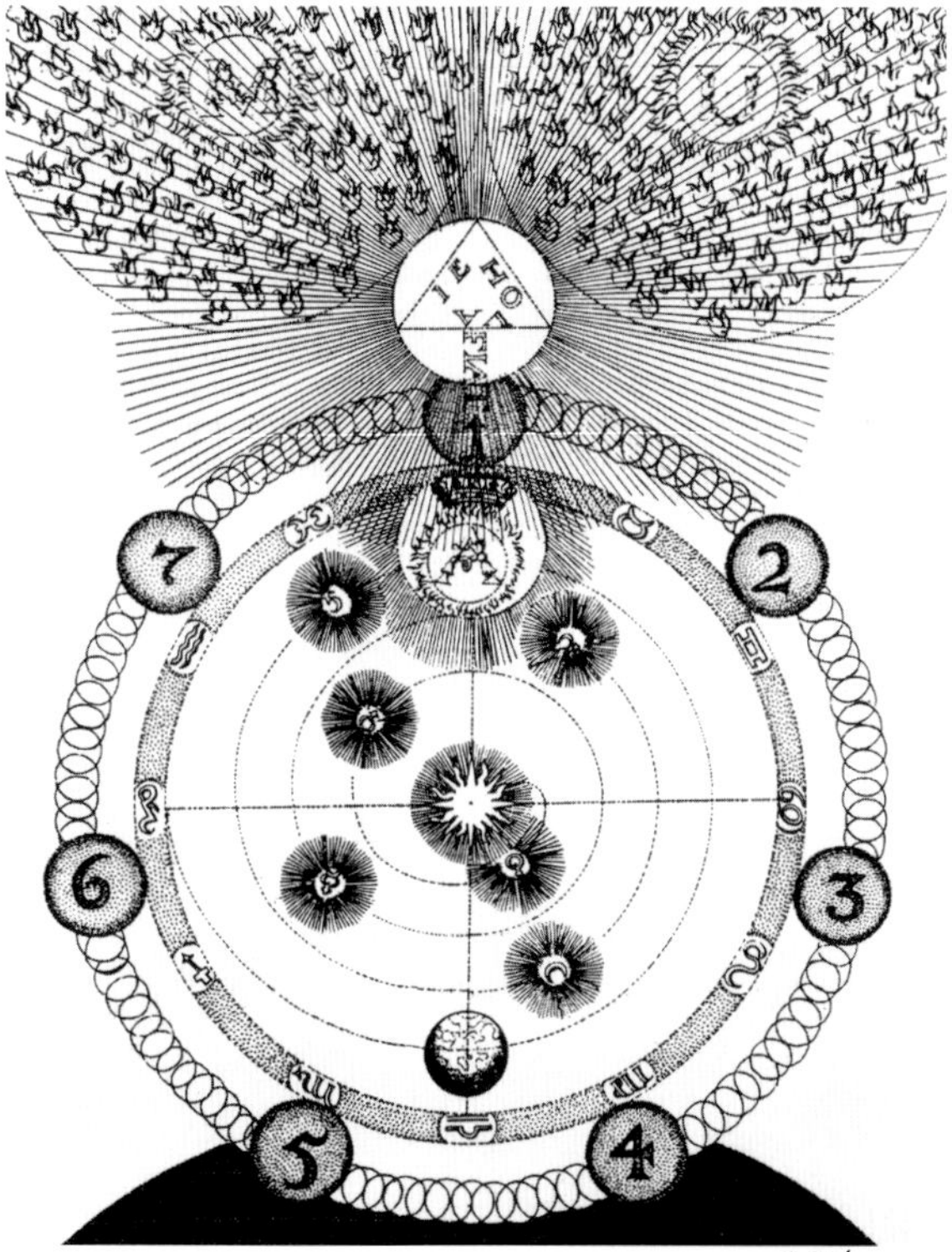

もある。爆発によって旧い性質の壊滅により新しい性質が誕生する過程は、錬金作業における腐敗（死）を経由して物質が再生する過程と重なっている。ベーメは、『聖書』の記述する天地創造の場面の前に、このような「永遠の自然」の展開を考えていた。

第四の性質を通って暗黒の世界は光の世界へと変容するが、天使ルキフェルはその変容を拒否することにより、永遠界から追放される。神がそれを補うために新しい宇宙を創造するという場面が、図版の下の大宇宙であり、中心に太陽、下に地球が描かれている。神は、新しい宇宙の支配者として自らの似姿をもつアダム（アダム・カドモン）をおく。アダムは当初、神と同じように女性的半身としてのソフィアと一体化していたが、地上的なものに眼を奪われてしまったために、ソフィアはアダムから分離する。アダムには新しい伴侶エバが与えられたが、その過程を通してアダムは地上的な人間へと変容した。このあたりから「創世記」の天地創造の場面が続く。アダムの創造と第二の堕罪、エデンの園からの追放が行われる。やがてキリストの受肉と受難、再臨による救済が続いて、最終的に再び均衡が訪れる。

ベーメは、伝統的なキリスト教と異なり、アダムが失ったソフィアが第二のアダムたるキリストの「光のからだ」として再び地上に降りてくると考えており、人間はキリストと一体化することにより、原初のアダムのような栄光を獲得するとしている。図版で描かれている心臓は、キリストの赤い

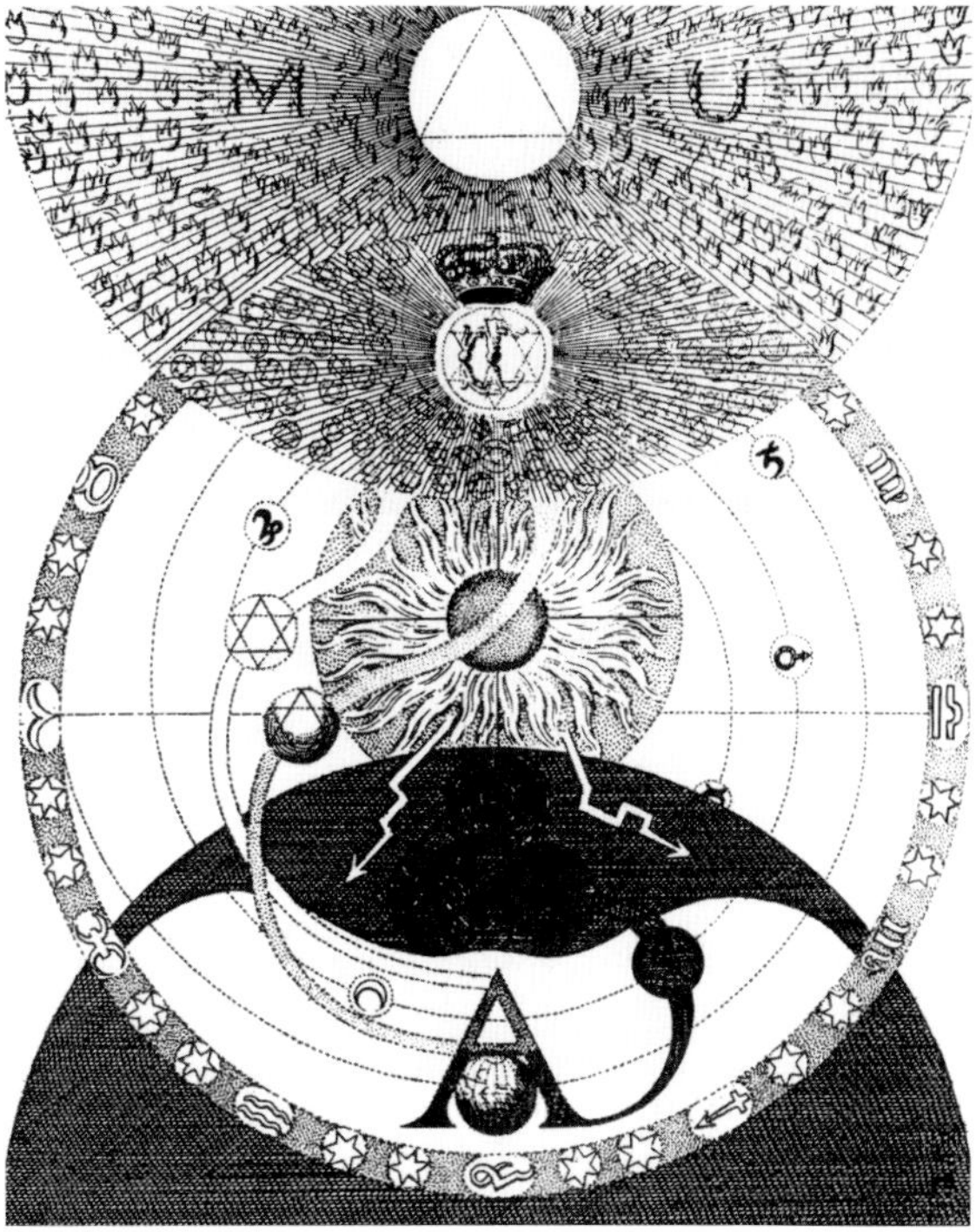

▲ｉ）キリストは、十字架にかけられて死に、そして復活して天上へと戻る（キリスト（C）は王冠をつけている）。この瞬間に人間の復活も成就して、再び栄光を獲得する。この図版は図解（c）の写しとなっており、いずれの場合も「火の試練」を通過して新しい次元へと向かうことに注意すべきである。

▼ｊ）終末とは、失われたソフィアを回復する瞬間であり、人間の原初的な調和が再来するときである。錬金術的には、男性原理（硫黄）が女性原理（水銀）と統合して新しい人間として再生（完成）する瞬間である。善と悪、天国と地獄、光と闇、永遠と時間、始原と終極は、同時に存在することになる。本図は図（e）と似ているが、以前は空席となっていた場所にキリスト（C）が位置している点において本質的に異なっている。

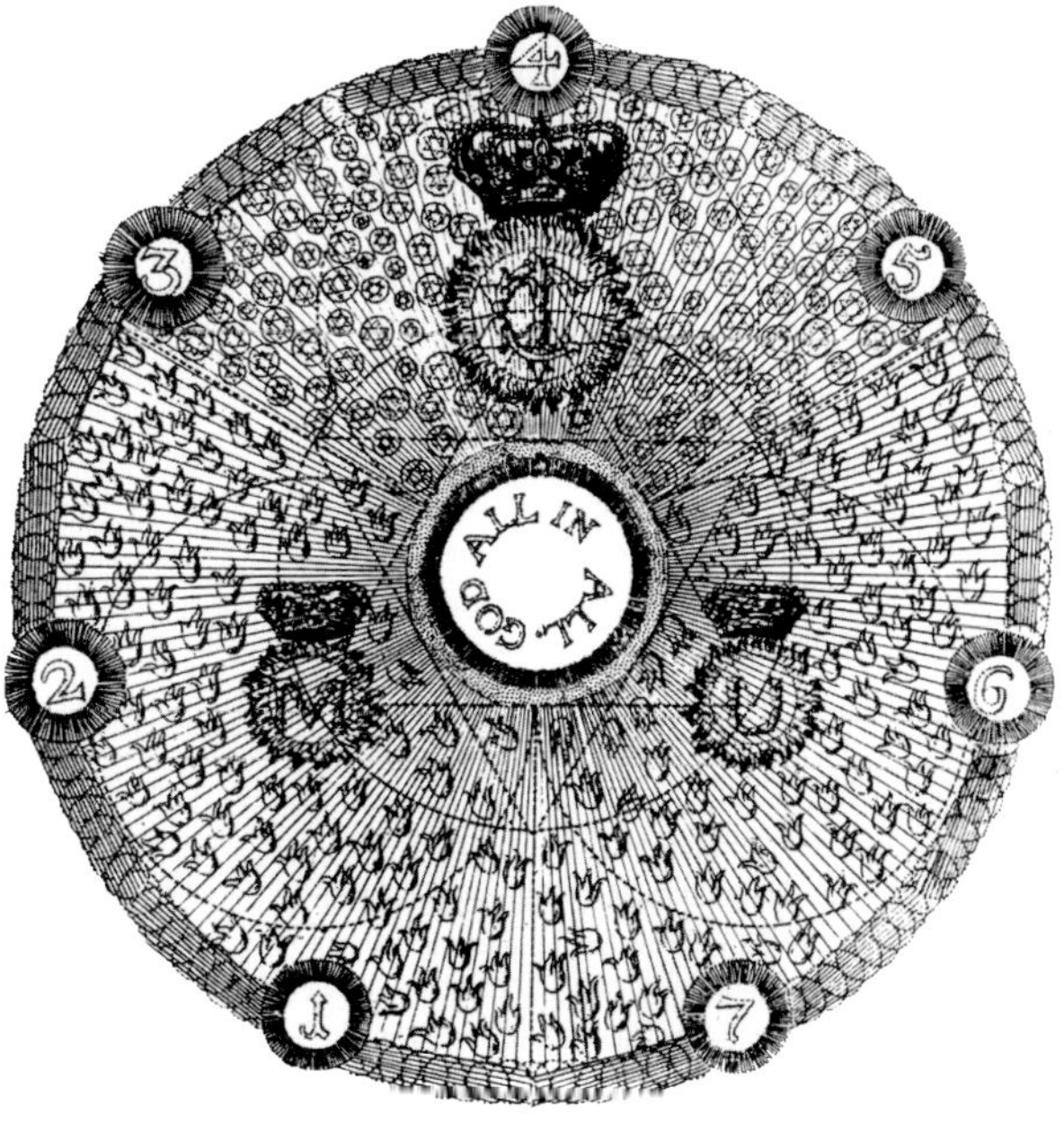

血そのものを指しており、錬金術的な「聖餐」を象徴しているといえる。

## 2 ロマン主義と錬金術

### 想像力の覚醒

一八世紀末から一九世紀初頭にかけて全ヨーロッパ的な規模で巻き起こったロマン主義運動は、ルネサンスと啓蒙主義に次いで、ヨーロッパ文化史のもう一つの大きな頂点を形成している。ロマン主義は、啓蒙主義における理性の限界を超えようとする試みであり、その意味において啓蒙主義の否定ではなく、それを補完するかたちで登場した。そのさいに新たに用意された神的能力は、想像力である。理性や道徳は確かに物質的・世俗的な局面において、人間と社会を改善していく可能性を示唆することはできるが、その最終目標としての神との同一化という境域にまで到達することはできない。そのためには想像力、とくに詩的想像力の覚醒が必要とされたのである。この過程においてとくに脚光を浴びることになったのが、ベーメのキリスト教神智学であった。

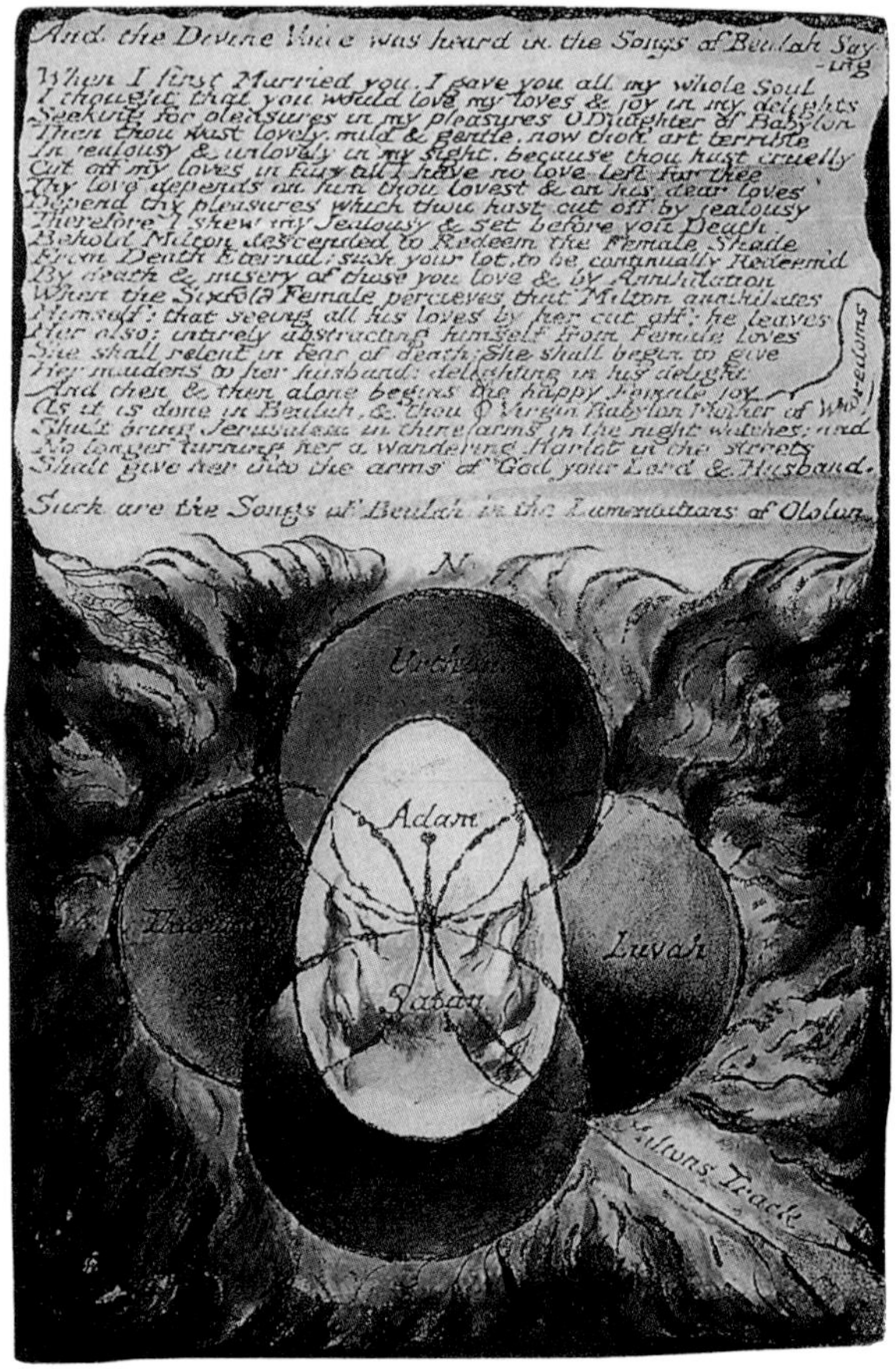


▲**ミルトンの下降**　ブレイク『ミルトン』（1804-8年）。詩人ミルトンの霊は、自己覚醒を達成するために天上界から地上に降りてくる（右下から中心に向かう）。地上は宇宙卵のかたちをしており、卵の内部にアダムとサタンと明示されている。全体が炎に包まれていることから、ベーメ神智学の図（c）で示される「火」の試練の意味も含まれている。

イギリスのロマン主義詩人ウィリアム・ブレイクは代表作『天国と地獄の結婚』（一七九三年）において、パラケルススとベーメの名前を挙げているだけでなく、「対立なくして進歩はあり得ない。陽と陰、理と力、愛と憎しみとが人間の存在に必要である」と述べて、対立とその統合の過程を人間の救済の過程と重ねている。ブレイクは、ベーメの最初の三つの性質から成る世界を「地獄」と呼んでいるが、それは「悪」の世界ではなく原初的な衝動の世界である。ブレイクの用語では「力」と表現され、生命の源泉と位置づけられていた。ベーメにおいて七つの性質がともに神に内在するように、ブレイクの天国と地獄はともに人間の内部にあって、生命の原動力となる。堕罪を経験した人間が「神的人間性の姿」を回復するために用意された登場人物は、想像力を象徴するロス（Losは、Solすなわち太陽を暗示する）である。ロスの職業は鍛冶師であり、ベーメの第四の性質を想起させる「火」を使って再生の作業を続ける。ベーメ神智学において神、アダム、キリストのいずれにも配されている乙女ソフィアは、ブレイクの神話においてはアルビオンの分身イェルサレムとして登場した。

ウィリアム・ワーズワースやサミュエル・テイラー・コールリッジなどが詩学の中心

においたロマン主義的想像力も、錬金術と密接に関わっていた。想像力とは自然の奥部に隠された原理を直観する能力であり、神による天地創造の神秘が人間において顕現するものである。コールリッジは、一七九八年から翌年にかけてドイツに遊学しているが、その主たる研究対象はカント哲学と自然哲学であった。彼は『講義』において、「錬金術の理論は、ヘラクレイトスの自然学あるいは現代ドイツの自然哲学と同じものである」と述べている。自然哲学は、すべての外在的な物質は電気・磁力・引力など普遍的な力（エネルギー）から成っているとするだけでなく、内在的な精神もまた力の顕現として理解しようとする。詩人と哲学者は、この両者に浸透する力を想像力によって結びあわせ、自然の隠された精神を表現しようとした。錬金術師が、金属において硫黄と水銀という対立する構成要素を前提にしていたように、ロマン主義者は、自然と人間のそれぞれにおいて対立する両極（主観性と客観性）の存在を認めてその止揚を目指していたのである。

　コールリッジは『文学的自伝』の第一三章において、想像力を二種類に分類している。第一の想像力は、「無限なる神における永遠の創造行為が有限なる精神において繰り返される」ものであり、第二の想像力は人間の意識領域における第一の想像力の「反響」である。第二の想像力は、第一の想像力が知覚したイメージを「溶解し(dissolve)」て「再創造する」。この「溶解」という用語は、金属を加熱して液状化することを意味しており、「結合」という用語とともに錬金術の基本操作である。第一の想像力は錬金作業の素材を提供し、第二の想像力がその素材を分解・再結合することにより新しい素材に変容させるという役割を演じている。

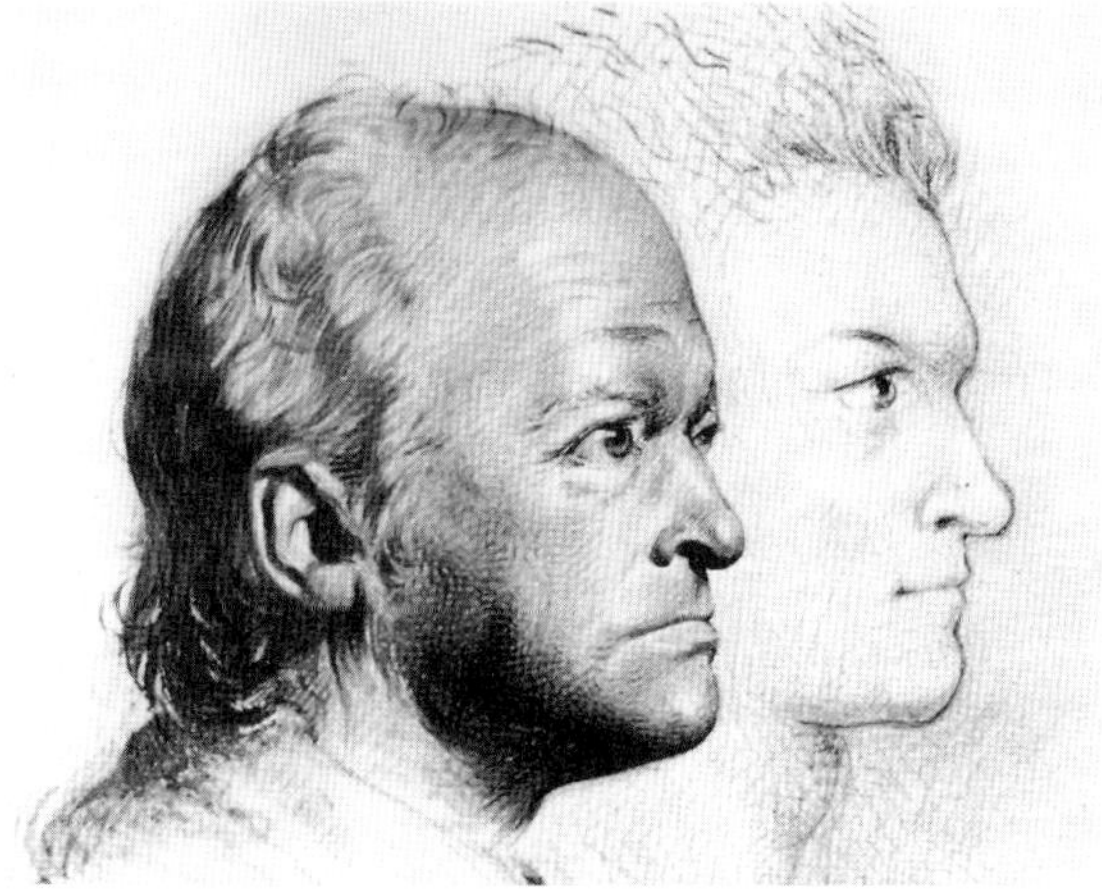

**▲ウィリアム・ブレイク**　イギリスの詩人・銅版画家ブレイクの28歳と69歳の肖像。スウェーデンボリ、パラケルスス、ベーメなどの影響を受けて『天国と地獄の結婚』(1793年)や『イェルサレム』(1804-20年)など黙示録的な作品を刊行した。

**▼神と一体化する人間**　ブレイクの『イェルサレム』は、宇宙的人間アルビオンが堕罪のあと厳しい試練を乗りこえて再生を果たす長編詩である。本図（第99プレート）はその最後の場面であり、この2人の人物が何を表わしているかについて解釈が分かれる。神智学的には、炎のなかで一体化しているのは、分身イェルサレム（ベーメのソフィアに相当）と再会したアルビオンと解釈できる。

**▶サミュエル・テイラー・コールリッジ**　コールリッジは、ワーズワースとともに詩集『抒情歌謡集』（1798年）を出版するほか、ドイツ観念論をイギリスに紹介した。コールリッジが詩学の中心においたロマン主義的想像力は、自然の奥部に隠された生命原理を直観する能力であり、錬金術と密接に関わる。

**◀ウィリアム・ワーズワース**　ワーズワースの代表作『序曲』（1805年）では、天の息吹としての戸外の風に呼応して詩人の内部に「優しい創造的な微風」（想像力）が巻き起こり、自然と精神の黙示録的結婚を通して新世紀を到来させるという詩人＝預言者としての使命を確信する。

『文学的自伝』の第一四章においてコールリッジは、詩人は「同一と差異」や「一般と具象」などの対立し不調和なものを「和解」させる能力をもっているとして、その具体的な説明をするために、一六世紀末から一七世紀初頭にかけて活躍したイギリスの詩人ジョン・デイヴィスの詩「人間の魂とその不滅性について」を引用している。「それは不思議な昇華（sublimation）によって肉体を霊に変える。／火が物質を燃やして火に変えるように、／また、われわれが食物を変えてこの体に合うものとするように。／それは、粗雑な物質からその形相を抽出し、／物質から第五元素（quintessence）を引き出す」。コールリッジの想像力は、直接的にはフリードリヒ・ヴィルヘルム・ヨーゼフ・フォン・シェリングなどのドイツ観念論哲学の影響をうけたものであるとしても、その淵源はベーメに象徴されるキリスト教神智学的な錬金術であった。

## 神秘主義的錬金術

ロマン主義時代の代表的な化学者に、安全灯を発明したことで知られるハンフリー・デイヴィーがいる。農業化学の研究のほか、カリウム、ナトリウム、バリウム、マグネシウム、カルシウムなどを単体として分離することにも成功し、一八二〇年にはジョゼフ・バンクスの後を受けて王立協会会長に就任した。その主著『化学哲学の原理』（一八一二年）の「序論」において彼は、錬金術への偏見をもつことなく、錬金術から化学への展開を簡潔な文体によって叙述している。「実験科学としての化学の起源は、七、八世紀より前にさかのぼることはできない」と指摘し、化学の起源をアラビア錬金術においている点からも著者の公平な態度を見ることができる。ロバート・サウジー、コールリッジ、ワーズワースとの交流があり、自らも詩を書いていた。『化学哲学の原理』は、メアリー・シェリーが『フランケンシュタイン』（一八一八年）を執筆する前に読んでいた資料としてよく知られている。ジュネーヴに生まれた主人公ヴィクター・フランケンシュタインは、「私はたいへんな勤勉さをもって賢者の石とエリクシルの探究に携わった」と証言しているように、自然の奥義に到達するためにルネサンス魔術と錬金術に強い関心を示していた。ヴィクターは、いくつかの死体の部分をつなぎあわせ、そこに電流を流して人造人間を作ることに成功する（一般にはこの怪物が「フランケンシュタイン」として知られる）。錬金術のホムンクルスというと、ゲーテの『ファウスト』第二部（一八三二年）に登場する人造人間が著名であ

▶**メアリー・シェリー**　『フランケンシュタイン』（1818年）の著者メアリー・シェリーは、『政治的正義』（1793年）の著者ウィリアム・ゴドウィンと『女性の権利の擁護』（1792年）の著者メアリー・ウルストンクラフトとのあいだに生まれ、詩人P・B・シェリーと結婚する。

◀**ハンフリー・デイヴィー**　ロマン主義時代の代表的な化学者であり、『化学哲学の原理』（1812年）などの著書がある。炭鉱内で使用する安全灯を発明したことでも知られる。コールリッジやワーズワースとの交友もあり、自らも詩を書いている。

るが、「フランケンシュタイン」もまた時代の錬金術への関心という共通の土壌から生まれたものと理解することができる。

　ベーメに象徴される神智学的錬金術の影響力は、ヴィクトリア時代に入っても失われることなく存続した。錬金術をキリスト教神智学として位置づける見方は、たとえばメアリー・アン・アトウッドの『ヘルメス密儀への暗示的探求』（一八五〇年）においても見られる。アトウッドは、錬金術の実験室とは人間自身のことであり、錬金作業を通して完成するのは浄化された霊魂そのものであるという前提から、プリマ・マテリア、賢者の石、エーテル、エリクシルなどの錬金術概念を読み替えている。

　一九世紀中期からは心霊主義、後期からは神智学協会と黄金の夜明け教団が神秘主義的錬金術の継承者となり、アーサー・E・ウェイトの錬金術に関する著作群なども生まれた。このような潮流の延長上に、ユングによる心理学化された錬金術（『心理学と錬金術』・一九四四年）が登場する。ユングと並ぶ記念碑的な著作として神話学者ミルチャ・エリアーデの『鍛冶師と錬金術師』（一九五六年）があるが、エリアーデの場合にも学生時代に強く影響を受けたルドルフ・シュタイナーの人智学（神智学の分派）の影は明らかであり、ともに神秘主義的錬金術の流れのなかに位置づけることができる。

## 3 モダニズム芸術と錬金術

### モダン・アートへの影響

　モダニズム芸術研究に神秘主義とオカルティズムの視点をもち込んだ最初のプロジェクトは、一九八六年にアメリカ合衆国の美術批評家モーリス・タックマンの指導のもとで開催された大規模な展覧会において実現した。ドイツのヴァシリー・カンディンスキー（出身はロシア）、チェコのフランティシェク・クプカ（フランスで活躍）、ロシアのカジミール・マレーヴィッチ、オランダのピート・モンドリアン（フランスとアメリカで活躍）などが創造したモダン・アートにはヨーロッパ神秘思想の影響が顕著に見られるという視点から、一九世紀末から二〇世紀後半までの抽象絵画の歴史を再検討したものであった。集められたのは一〇〇人以上のアーティストの作品二三〇点である。この展覧会の成果は、大著『芸術における霊的なるもの――抽象絵画一八九〇―一九八五』として刊行され、カレル・ブロトカンプ、シクステン・リングボム、ロバート・ウェルシュ、リンダ・ヘンダー

## COLUMN 7　武器軟膏と音楽

ファン・ヘルモントが医学的な立場としてはパラケルススに従っており、一六二一年に『傷を治癒する磁気について』を出版して武器軟膏を擁護する立場に立っていたことは、第二章において触れた。武器軟膏の提唱者とされているのはパラケルススである。『オックスフォード英語辞典』は、武器軟膏を「傷を負わせた武器に塗ると、共感作用によってその傷を治すと、誤って信じられていた軟膏」と定義して、その初出としてウィリアム・フォスターの『武器軟膏を拭き取る海綿』（一六三一年）を挙げている。武器軟膏は、現代では迷信以外の何ものでもないものとされているが、錬金術と思想的基盤を共有しており、若干のコメントが必要となる。

武器軟膏には魔術的な要素があり「悪魔的」であるとして批判したフォスターに、直ちに反論を試みたのがロバート・フラッドである。フラッドは一六三一年に『フラッド医師のフォスター氏への回答、あるいは武器軟膏を拭き取るよう定められた海綿を絞りきる書』において、ヘルメス思想と新プラトン主義の立場から武器軟膏の正当性を主張する。

武器軟膏が治癒力を発揮する根拠となっているのは、共感作用(sympathetic agency)である。武器軟膏には負傷者の血液が混ぜ込まれており、それを武器に残った負傷者の血液に塗る。すると、軟膏に含まれる血液の生命霊気が、すでに凝固してしまっている武器の血液に作用して活性化させ、その影響が共感作用によって遠く離れた場所にいる負傷者の血液にも届き、結果として治療が行われるという仕組みになっている。「武器に付着している血液であろうと、なんら表面には血痕を留めずにすでに武器に染み込んでしまった血液」であろうと、武器軟膏には「そういった血液に含まれるのと同じ不可分の本性が含まれている」ために、治癒力を発揮するのである。フラッドは、武器軟膏の治癒力を楽器の共鳴と重ね、「血液を含むこの軟膏と傷ついた人の本性の間」に生命霊気が作用するように、「弦を弾かれた一方のリュートの活動によって、以前には静かで生命をもたなかったもう一方のリュートの弦がふるえ出す」ように活力が戻るとしている（アレン・ディーバス『近代錬金術の歴史』）。

このレトリックは、医学上からは確かに効力を認めがたいかもしれないが、芸術の分野ではロマン主義からモダニズムの時代においても適用されている。フラッドはリュートを引き合いに出しているが、イギリス・ロマン主義の詩人サミュエル・テイラー・コールリッジも詩「イオルスの竪琴（風鳴琴）」（一七九五年）において、窓辺におかれたリュートが微風に呼応して自然に鳴り出すという比喩を使用している。この詩には、「われわれの内と外にある一つの生命」という表現が含まれており、ベーメの『曙光』に見られる錬金術的神智学の影響を認めることができる。この場合の「一つの生命」とは、錬金術における生命霊気に重なる概念である。

ソンなど現代の代表的な美術評論家の論文が収録された。ここで取りあげられたヨーロッパ神秘思想としては、神智学やユダヤ教神秘主義カバラーのほか、ゲオルゲ・イワノヴィッチ・グルジェフ、ピョートル・デミアーヴィッチ・ウスペンスキー、ベーメ、ピュタゴラスなど多種多様であるが、なかには「マルセル・デュシャン――アヴァンギャルドの錬金術師」という論文もあるように錬金術も含まれている。錬金術を含むヨーロッパ神秘思想は、宇宙における万物は生きており、単一の根源物質から成るという前提のうえで、男性原理と女性原理、精神と物質、光と闇などの対立を統合することを目標としており、モダニズム芸術においても対立物の一致による絶対の探求が課題となっていた。

モンドリアンは『新造形主義』（一九二

○年）において、「芸術とはわれわれの内にひそむ普遍的なものの直接的な表現であり、普遍的なものがわれわれの存在の外に的確に現われでたものである」と述べている。モンドリアンの芸術の目標は、個別的なものと普遍的なものとの「均衡」であり、普遍的なものを個別的なものとして表現することにより、不変と変化のあいだに通路を開くことにある。具体的な造形としては、水平線と垂直線を組み合わせた単純な構図として表現されるが、そこには地上（物質）と天上（精神）との対立と調和という錬金術的な主題が組み込まれているのである。錬金作業の重要な操作は、生命霊気の抽出という作業である。抽出（extraction）とは蒸留などの操作によって有効成分（エキス）を引き出すことであり、鉱石から金属を分離する過程も意味する。抽象絵画の抽象（abstraction）には、具象に対する抽象という意味とともに、精髄あるいは生薬抽出物という意味がある。

### シュルレアリスム

シュルレアリスムは、一九一六年のチューリヒで始まったダダ運動が発展的な解消をするかたちで登場した芸術運動であり、ギヨーム・アポリネールの造語に基づいてアンドレ・ブルトンは一九二四年に「シュルレアリスム宣言」を発表する。彼はロシア革命の成功に基づいてマルクスの思想を重視するだけでなく、フロイトの深層心理学にも強く影響を受けて、無意識の動きのままに精神の純粋なあり方を表現しようとした。夢と現実という本来は重なることのない二つの領域は、シュルレアリスムの言語・絵画空間において「絶対的な現実」すなわち「超現実」に融解することにより共存することが可能となる。シュルレアリスムは、「心の純粋な自動現象」と定義されているが、自動現象という言葉は一九世紀の心霊主義の用語であり、モダニズム芸術とオカルト思想との親縁性を物語っている（拙著『心霊の文化史』を参照）。当初文学から始まったシュルレアリスムは、その活動範囲をマックス・エルンスト、イヴ・タンギー、サルバドール・ダリ、ジョルジョ・デ・キリコなどの超現実主義的な絵画にも広げていった。

ブルトンは「シュルレアリスム第二宣言」（一九三〇年）において「シュルレアリスムの探求は、錬金術の探究と、目的において著しく似通って」おり、賢者の石（ピエル・フィロゾファル）とは「人間の想像力が一切の事物にたいして復讐を遂げることを可能にするものにほかならない」と述べている。本書の文脈において興味深いことは、ブルトンが「シュルレアリスム第二宣言」において、ニコラ・フラメルの『象形寓意図の書』の図版のうちメルクリウスを描いた（二）と幼児虐殺の（四）（二八ページ参照）を引用して、これは「まさにシュルレアリスム絵画といえないだろうか」と述べている点である。ブルトンはさらに『魔術的芸術』（一九五七年）において、シュルレアリスムだけでなくモダニズム芸術には魔術的な原理が組み込まれていると指摘している。

## 4 『ロスト・シンボル』の「密儀の手」

### マンリー・パーマー・ホール

一九世紀末に創設された神智学協会はヘレナ・ペトロヴナ・ブラヴァツキーの没後、アニー・ベサント率いるインド派とウィリアム・ジャッジの指導するアメリカ派に分裂した。後者の流れにもさまざまな分派があるが、そのなかにドイツの神智学者マックス・ハインデルが創設した薔薇十字同志会がある。薔薇十字同志会の本部はロサンゼルス南方のオーシャンサイドにあり、「人体測定」などの新現実主義的な作風の芸術家イヴ・クラインが一時属していたことでも知られていた。

　ハインデルの直系の弟子にマンリー・パーマー・ホールがいる。ホールは一九〇一年にカナダのオンタリオ州ピーターボロで生まれる。仮死状態で生まれたが、危うく一命を取り留めたというエピソードがある。生後まもなく父が失踪し、母はホールを祖母に預けたままアラスカに向かう。一九〇五年に祖母とともにアメリカ合衆国に移り、シカゴ、ワシントンDC、サンフランシスコなどを転々とし、一七年にはニューヨークで保険会社の事務員となった。一九年にロサンゼルスに移ったホールは、民衆教会の説教師として活躍するようになる。ハインデルは一九年に亡くなっており、薔薇十字同志会は当時、未亡人アウグスタによって運営されていた。彼女に才能を見出されたホールは、本格的に西洋秘教伝統の研究と講演活動に入る。彼を経済的に支援する女性支持者も現われ、二三年には日本・ビルマ・インド・エジプト・イタリアなどを旅行した。二八年に大著『象徴哲学大系』が出版されると、アメリカ合衆国における西洋エソテリシズム研究の第一人者としての地位を築く。三四年にはロサンゼルスに哲学探求協会を創設し、ここは錬金術を含む貴重な文献の一大宝庫となった。五四年にはサンフランシスコのジューエル・ロッジにおいてフリーメイソンに加入し、さらに古式公認スコットランド儀礼の最高位階である第三三位階を受けた。九〇年に亡くなった彼の錬金術関係のコレクションは、現在ハンティントン図書館によって管理されている。ホールは、生涯にわたって何千回もの講演をしており、その著作は講演記録を基にしている場合が多い。二〇世紀のロサンゼルスは、石油産業、自動車、ハリウッド映画、航空機産業などアメリカ合衆国の繁栄を享受しており、ホールの哲学探求協会と彼の活動はその自由な精神風土を反映したものであったといえる。

**▲アンドレ・ブルトン**　ブルトンは「シュルレアリスム第二宣言」（1930年）において「シュルレアリスムの探求は、錬金術の探究と、目的において著しく似通っている」と述べている。夢と現実という本来は重なることのない2つの領域は、シュルレアリスムの言語・絵画空間において共存することができる。後列左よりブルトン、モンドリアン、後列右から2人目はセリグマン。

## 「密儀の手」

　ダン・ブラウンの最新作『ロスト・シンボル』（二〇〇九年）の冒頭と終わりには、ホールの『象徴哲学大系』が引用されている。キリスト教を含む「古代密儀」の参入儀礼が小説の枠組みを提供しているだけでなく、物語が展開する重要な場面に「密儀の手」の象徴が登場する。アメリカ連邦議会議事堂の円形大広間におかれたピーター・ソロモンの切断された右手には、親指から小指までの指の先端に王冠・星・太陽・

角灯・鍵の刺青が入っている。ホールはこの象徴を『象徴哲学大系』（第二巻「秘密の博物誌」）に収録しているが、この象徴は錬金術の歴史においてさまざまなかたちで描かれてきたものでもあった。五つの象徴以外に「魚」と「炎に縁どりされた海」が掌に描かれている。それぞれの象徴の意味は、創造されることのない絶対的な光（王冠）、宇宙に遍在する光（星）、創造されたものとしての光（太陽）、人間を導く知識（角灯）、密儀の扉を開ける道具（鍵）である。王冠は明らかにカバラーにおける最高位のセフィロト「ケテル」を暗示しており、それは四本の指が示すカバラーの四世界で活動する「唯一の力」である。この手は、「密儀に入る者に差し出される」招待状を意味しており、密儀参入者が初めてこれを目にするときには閉じられていて、掌に描かれた魚と海を見ることができない。魚と海はそれぞれ錬金術における水銀と硫黄であり、「密儀の手」が隠している秘密とは錬金術の奥義そのものである。また、魚は古来、キリストの象徴である。「ギリシア語でイエスを表わす神秘的なイクトゥス（ICHTHUS）の意味は、魚である。魚は聖者の列に加えられた初期の多数の教父により、キリストの象徴として受け取られた。聖アウグスティヌスはキリストを、網焼きにされた魚にたとえたが、あの魚の肉は正義の、神聖な人たちの糧と指摘された」（ホール、同書）。ダフィット・テニールスの「錬金術師」の実験室に描かれていた魚の象徴は、この魚形章を意図しているのかもしれない。

最後の図版「密儀の手」（三）の出典は、イェール大学に寄贈されたポール・メロンとメアリー・メロンの錬金術コレクションのカタログ『錬金術とオカルト』（一九六八年）である。ポールの父親アンドルー・メロンは、メロン・ナショナル銀行の会長であり、ジョン・D・ロックフェラーやヘンリー・フォードと並ぶアメリカの富豪で、メロン財閥の創設者である。一九二一年から三二年まで財務長官を務めたほかに、美術品収集家としても活躍し、三七年にはワシントンDCにナショナル・ギャラリー（国立美術館）を設立した。アメリカ合衆国の代表的なフリーメイソンとしても有名であり、『ロスト・シンボル』に登場するピー

**▲青年のマンリー・ホール**　マックス・ハインデルが創設した薔薇十字同志会は1920年頃に未亡人アウグスタによって運営されていた。彼女に才能を見出されたホールは、本格的に西洋エソテリシズムの研究と講演活動に入る。

**▼晩年のマンリー・ホール**　ホールは1928年には大著『象徴哲学大系』を出版し、アメリカにおける西洋エソテリシズム研究の第一人者となる。1934年にロサンゼルスに創設された哲学探求協会は、錬金術を含む西洋秘教伝統に関わる貴重な文献の一大拠点となる。ホールの没後、錬金術関係のコレクションはハンティントン図書館に移譲された。

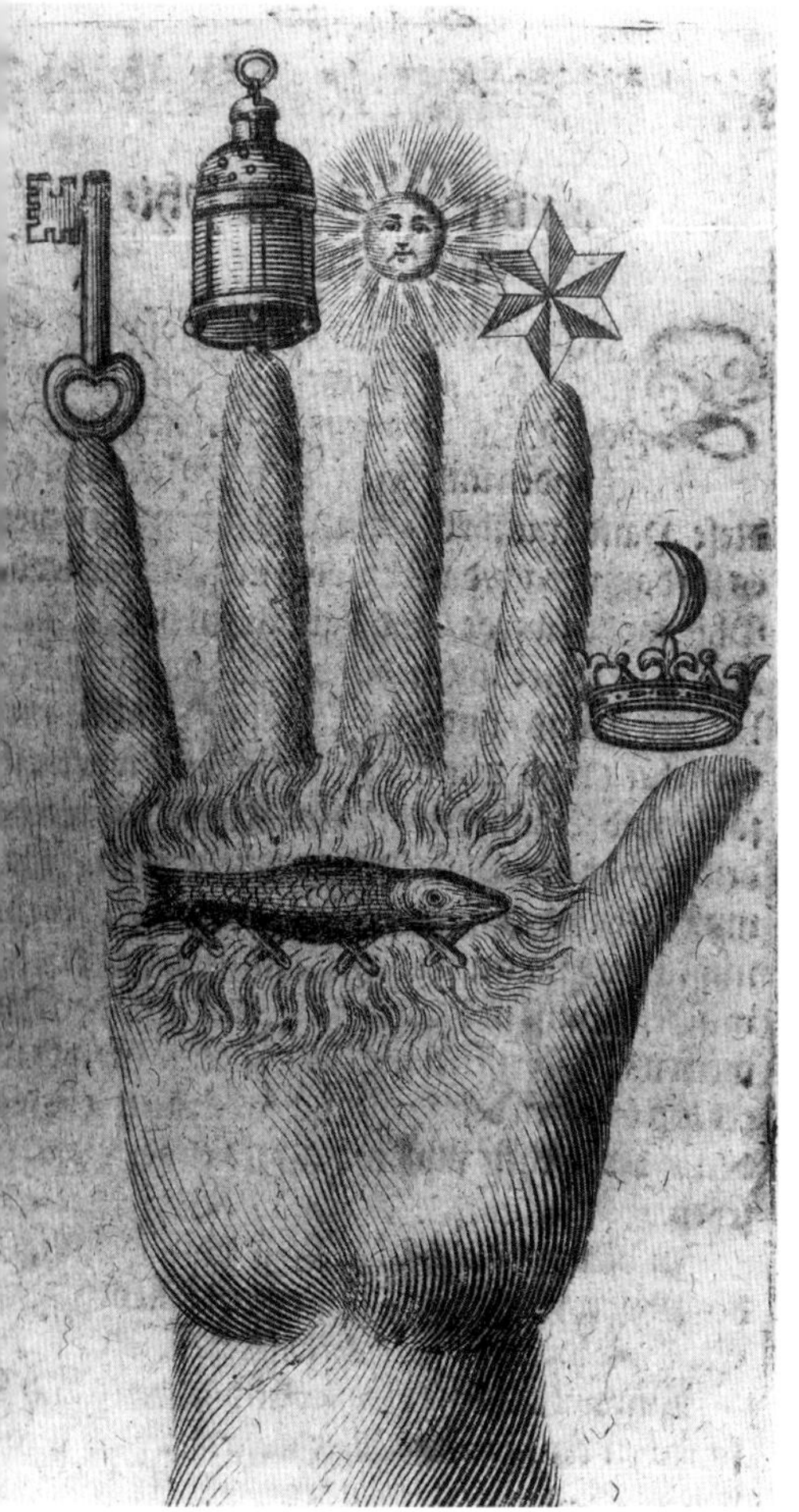

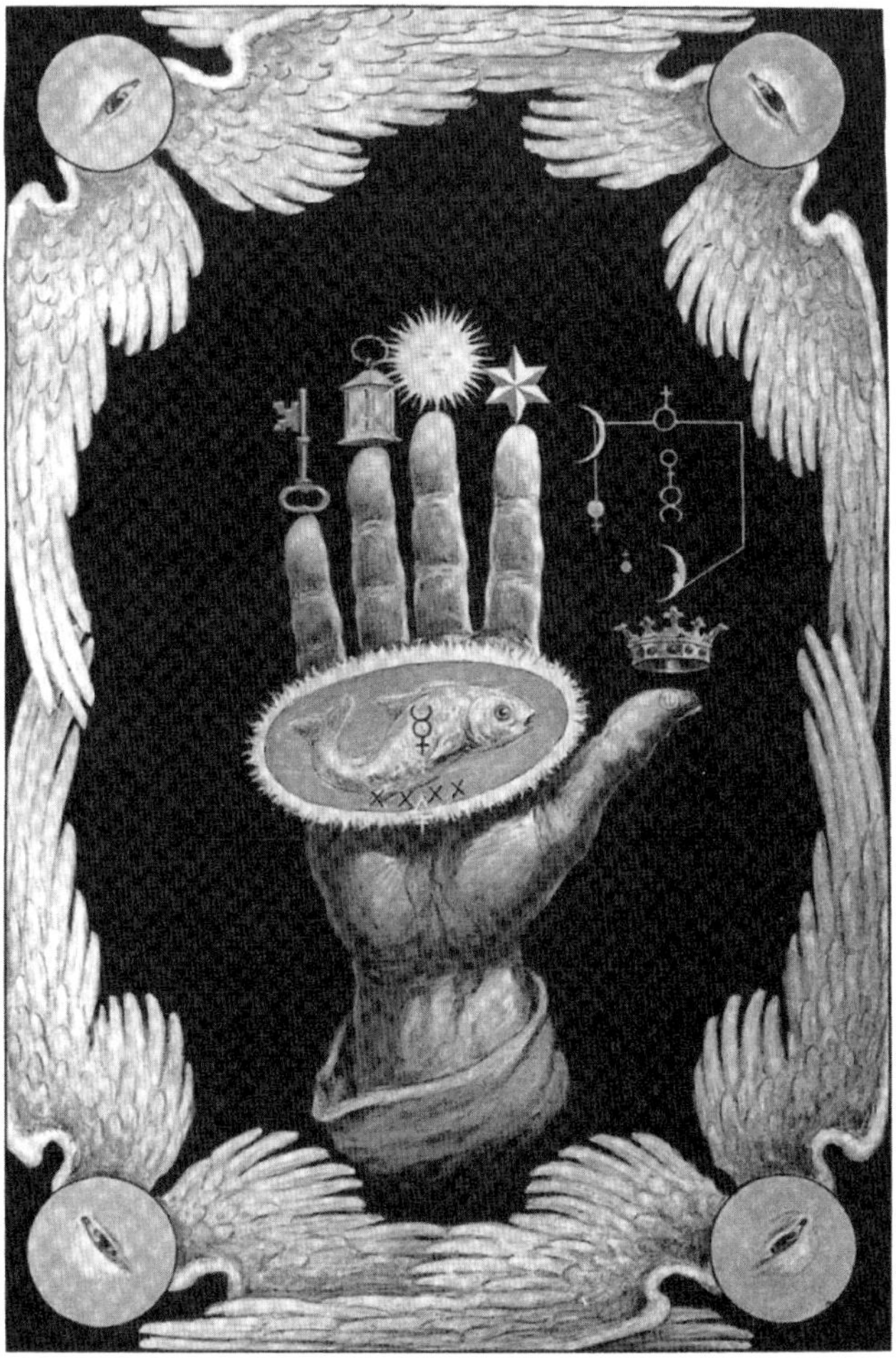

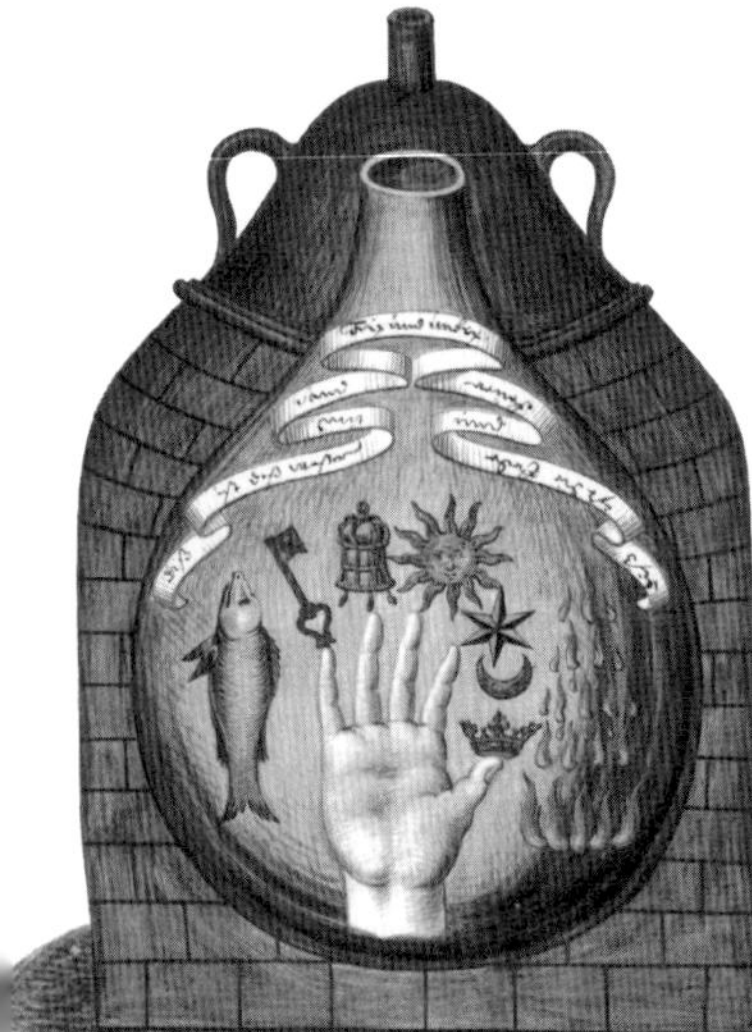

**「密儀の手」**

▲右・(1) ホールはこの象徴を『象徴哲学大系』(第2巻「秘密の博物誌」)に収録している。王冠・星・太陽・角灯・鍵の5つの象徴以外に「魚」と「炎に縁どりされた海」が掌に描かれている。ダン・ブラウンの『ロスト・シンボル』の冒頭と終わりにはホールの『象徴哲学大系』が引用されており、アメリカ連邦議会議事堂におかれたピーター・ソロモンの切断された右手は、本図を念頭においている。

▲左・(2) 作者はホランドあるいはホランドゥスとして知られている錬金術師イサーク。15世紀にオランダで活躍した親子の錬金術師といわれるが、詳細は不明である。1667年制作。

◀ (3)「密儀の手」は「賢者の卵」たるフラスコのなかに描かれている。指の上の象徴は同じであるが、魚は小指の左側に見える。

ター・ソロモン（アメリカ有数の大富豪にしてフリーメイソンという設定になっている）のモデルとなったのは、このアンドルー・メロンという可能性がある。息子のポール・メロンが引き継いだ錬金術コレクションに「密儀の手」の図版が含まれており、『ロスト・シンボル』においてピーター・ソロモンの「手」が「密儀の手」として登場していることは、たんなる偶然とは思われない。

# あとがき

　二〇一〇年一二月二七日の夜、『第九交響曲』初演の一八二四年を中心にしてベートーヴェンと写譜師アンナとの交流を描いたアメリカ・ハンガリー合作の映画『敬愛なるベートーヴェン』（監督アニエスカ・ホランド、主演エド・ハリス、二〇〇六年）がNHK―BSで放映された。クライマックスは『第九交響曲』の演奏が終わった瞬間に、耳の聴こえないベートーヴェンが総立ちになって拍手をおくる観客に気がつかないという有名な場面である。数秒のあいだではあるが、静寂が続く。振り返ってようやくベートーヴェンが、観客の熱狂に応える。『第九交響曲』が作曲・初演された一九世紀初頭のウィーンの街を彷彿とさせる映像も見ごたえがある。ベートーヴェンは、写譜師というより弟子となったアンナに向かって「空気の振動は、神の息吹である。魂に語りかける音楽は、神の言葉なのだよ」と説くが、音楽と神性との密接な関係を明らかにすることにこの映画の製作意図があったと思わせる台詞である。神の息吹とは、宇宙に充満する「生命霊気」そのものであり、賢者の石の本体である。『第九交響曲』はフリーメイソン音楽としてもよく知られているが、錬金術的な主題の変奏と見ることも可能である。

　二〇一一年五月にはロンドンに一〇日間滞在して、大英図書館、ロンドン大学の中央図書館、科学図書館、ウォーバーグ研究所図書館、ウェルカム図書館などを中心に、錬金術とモダニズム芸術関係の資料調査を行った。大英図書館を除く四つの図書館は、地下鉄ユーストン駅とラッセル・スクウェア駅にはさまれる数ブロックに集中して配置されており、歩いて移動できる距離にある。書籍を含めて古いものを大切に保管・管理して人々に提供しようとする国民性もあり、四〇〇年も前に出版された稀覯本も（手続きを経ての話であるが）直接手にとって見ることができた。錬金術に関連して興味深いのは、地下鉄サウス・ケンジントン駅にほど近い自然史博物館であり、その一角を占める地質学博物館には豊富な鉱物関係の標本が展示されている。『魔術の帝国』においてR・J・W・エヴァンズは、賢者の石の探求が「一五七〇年から半世紀ほどの間に頂点に達した」としているが、錬金術の最盛期であるこの時期に脚光を浴びていた金属は『アンチモンの凱旋戦車』（一六〇四年）のタイトルにもなっているアンチモンであった。地質学博物館の入口で、あたかも全標本を代表しているかのように来館者を最初に迎えるのが、柱状結晶も美しいアンチモン鉱（輝安鉱）である。館内には、赤い結晶が特徴的な辰砂を含めて各種の金属・宝石標本が展示してあるが、地上の植物に見られる花に対して、金属は地中に咲いた「花（！）」という印象を実感としてもつことができた。展示品のなかに、やや小振りではあるがもう一つのアンチモン鉱（ichinokawa, shikoku との表示がある）が含まれており、こちらは愛媛県市ノ川鉱山において産出された逸品である。

　最後に、河出書房新社編集部の渡辺史絵氏には、企画の段階からお世話になったばかりでなく、構成や表現上の貴重な助言も数多くいただいた。記してお礼を申し上げたい。

二〇一一年冬　　吉村正和

| | |
|---|---|
| 1617 | フラッド『両宇宙誌＝大宇宙誌』 |
| 1618 | マイアー『黄金の三脚台』、『逃げるアタランテ』。ドイツ三〇年戦争（～1648） |
| 1619 | フリードリヒ5世、ボヘミア国王即位（～1620） |
| 1622 | マイアー没（1568～）。ミューリウス『改革された哲学』 |
| 1624 | ベーメ没（1575～） |
| 1637 | フラッド没（1574～） |
| 1641 | マリー、フリーメイソン加入 |
| 1642 | ピューリタン革命始まる（～49） |
| 1644 | ファン・ヘルモント没（1579～） |
| 1645 | 『ベーメ著作集』英語版（～52） |
| 1646 | アシュモール、フリーメイソン加入 |
| 1648 | テニールス「錬金術師」。ファン・ヘルモント『医学の起源』 |
| 1649 | チャールズ1世処刑、共和政樹立 |
| 1650 | ヴォーン『神魔術的人智学』 |
| 1652 | アシュモール『英国の化学の劇場』 |
| 1654 | アンドレーエ没（1586～） |
| 1660 | 王政復古、チャールズ2世即位。王立協会創設 |
| 1661 | ボイル『懐疑的な化学者』 |
| 1665 | スターキー没（1628～） |
| 1667 | ミルトン『失楽園』 |
| 1677 | アルトゥス『沈黙の書』 |
| 1687 | ニュートン『自然哲学の数学的原理』 |
| 1688 | 名誉革命 |
| 1691 | ボイル没（1627～） |
| 1690 | テニールス没（1610～） |
| 1717 | フリーメイソン、グランド・ロッジ創設 |
| 1727 | ニュートン没（1642～） |
| 1764 | ロー版『ベーメ著作集』第1、2巻 |
| 1772 | ロー版『ベーメ著作集』第3巻 |
| 1781 | ロー版『ベーメ著作集』第4巻 |
| 1793 | ブレイク『天国と地獄の結婚』 |
| 1812 | デイヴィー『化学哲学の原理』 |
| 1817 | コールリッジ『文学的自伝』 |
| 1850 | アトウッド『ヘルメス密儀への暗示的探求』 |
| 1885 | ベルトゥロ『錬金術の起源』 |
| 1928 | ホール『象徴哲学大系』 |
| 1937 | 錬金術・初期化学史学会誌「アムビックス」刊行 |
| 1944 | ユング『心理学と錬金術』 |
| 1949 | テイラー『錬金術師』 |
| 1956 | エリアーデ『鍛冶師と錬金術師』 |
| 1972 | イエイツ『薔薇十字の覚醒』 |
| 1973 | エヴァンズ『魔術の帝国』 |
| 1975 | ドブズ『ニュートンの錬金術』 |
| 1977 | ディーバス『近代錬金術の歴史』 |
| 1980 | ウェストフォール『ニュートン』 |
| 1994 | ニューマン『ゲヘナの火』 |

| | |
|---|---|
| 622 | ムハンマド（マホメット）のメディナ聖遷（イスラム暦元年） |
| 786 | ハルーン・アッ・ラシードのカリフ就任（～809）、イスラム文化の最盛期 |
| 815頃 | ジャービル・イブン・ハイヤーン（ゲーベル）没（721頃～） |
| 925 | アッ・ラージー（ラーゼス）没（865～） |
| 1037 | イブン・シーナー（アヴィセンナ）没（980～） |
| 1099 | 第1回十字軍、イェルサレム占領 |
| 1144 | チェスターのロバート『錬金術の構成』を翻訳 |
| 1280 | アルベルトゥス・マグヌス没（1200頃～） |
| 1294 | ロジャー・ベイコン没（1215頃～） |
| 1311 | アルノー・ド・ヴィルヌーヴ没（1240～） |
| 1315頃 | ラモン・ルル（1235頃～） |
| 1317 | 教皇ヨハネス22世、錬金術禁止令 |
| 1418 | ニコラ・フラメル没（1330頃～） |
| 1445頃 | グーテンベルク、活版印刷機を発明 |
| 1463 | フィチーノ『ヘルメス選集』ラテン語訳 |
| 1471 | リプリー『錬金術の構成』 |
| 1477 | ノートン『錬金術の規則書』 |
| 1490頃 | リプリー没（1415頃～） |
| 1492 | コロンブス、サン・サルバドル島到着 |
| 1513 | ノートン没（1433頃～） |
| 1517 | ルター「95カ条の論題」、ドイツ宗教改革始まる |
| 錬金術の最盛期 | |
| 1527 | パラケルスス、バーゼル市医となる |
| 1533 | ピサロ、ペルー征服。大量の金銀がヨーロッパに流入 |
| 1534 | イエズス会創設 |
| 1541 | パラケルスス没（1493～） |
| 1556 | アグリコラ『金属について』 |
| 1558 | エリザベス1世、即位。ブリューゲル（父）「錬金術師」 |
| 1564 | ディー『象形文字の単子』 |
| 1576 | ルドルフ2世、神聖ローマ皇帝即位 |
| 1581 | オランダ、独立宣言 |
| 1584 | ディー、プラハ訪問 |
| 1588 | スペイン無敵艦隊の敗北 |
| 1595 | クーンラート『永遠の知恵の円形劇場』初版 |
| 1597 | リバウィウス『錬金術』 |
| 1600 | ベーメ、神秘体験。ケプラー、プラハへ。イギリス東インド会社設立 |
| 1602 | クーンラート『永遠の知恵の円形劇場』改訂増補版。オランダ東インド会社設立 |
| 1603 | エリザベス1世没、ジェイムズ1世即位（スチュアート朝創始）。 |
| 1604 | センディヴォギウス『錬金術の新しい光』。テールデ編『ウァレンティヌス　アンチモンの凱旋戦車』 |
| 1605 | クーンラート没（1560頃～） |
| 1609 | ディー没（1527～） |
| 1610 | ジョンソン『錬金術師』初演 |
| 1612 | ベーメ『曙光（アウローラ）』。ルドルフ2世没（1552～） |
| 1614 | 『友愛団の名声』 |
| 1615 | 『友愛団の告白』 |
| 1616 | 『クリスチャン・ローゼンクロイツの化学の結婚』 |

スタニスラス・クロソウスキー・ド・ローラ『錬金術図像大全』(磯田富夫・松本夏樹訳・平凡社・1993年)
ヨーハン・V・アンドレーエ『化学の結婚』(種村季弘訳・紀伊國屋書店・1993年)
リチャード・ウェストフォール『アイザック・ニュートン』(田中一郎・大谷隆昶訳・平凡社・1993年)
『キリスト教神秘主義著作集第16巻—近代の自然神秘思想』(中井章子他訳・教文館・1993年)
B・J・T・ドブズ『ニュートンの錬金術』(寺島悦恩訳・平凡社・1995年)
ヨハンネス・ファブリキウス『錬金術の世界』(大瀧啓裕訳・青土社・1995年)
カール・G・ユング『結合の神秘』全2巻(池田紘一訳・人文書院・1995-2000年)
J・フォーベル編『ニュートン復活』(平野葉一他訳・現代数学社・1996年)
E・J・ホームヤード『錬金術の歴史—近代化学の起源』(大沼正則監訳・朝倉書店・1996年)
ガレス・ロバーツ『錬金術大全』(目羅公和訳・東洋書林・1999年)
アレン・ディーバス『近代錬金術の歴史』(川崎勝・大谷卓史訳・平凡社・1999年)
B・J・T・ドッブズ『錬金術師ニュートン』(大谷隆昶訳・みすず書房・2000年)
L・E・サリヴァン『エリアーデ・オカルト事典』(鶴岡賀雄他訳・法蔵館・2002年)
アーサー・グリーンバーグ『痛快化学史』(渡辺正・久村典子訳・朝倉書店・2006年)
『キリスト教神秘主義著作集第14巻—十七・十八世紀のベーミストたち』(岡部雄三・門脇由紀子訳・教文館・2010年)
岡部雄三『ヤコブ・ベーメと神智学の展開』(岩波書店・2010年)

(本書における引用には、他に次のような文献を利用した。)
『アンドレ・ブルトン集成第5巻』(生田耕作・田淵晋也訳・人文書院・1970年)
ジェフリー・チョーサー『カンタベリー物語』(西脇順三郎訳・筑摩書房・1972年)
『ヘルメス文書』(荒井献・柴田有訳・朝日出版社・1980年)
ジョン・ミルトン『失楽園』(平井正穂訳・岩波文庫・1981年)
福永光司『道教と古代日本』(人文書院・1987年)
ピート・モンドリアン『新しい造形(新造形主義)』(宮島久雄訳・中央公論美術出版・1991年)

**図版出典文献**

Ian MacPhail, ed., *Alchemy and the Occult: A Catalogue of Books and Manuscripts from the Collection of Paul and Mary Mellon given to the Yale University Library* (Yale University Press, 1968)
Stanislas Klossowski de Rola, *Alchemy* (Thames and Hudson, 1973)
Manly P. Hall, *Codex Rosae Crucis* (The Philosophical Research Society, 1974)
Johannes Fabricius, *Alchemy* (The Aquarian Press, 1976)
William Vaughan, *William Blake* (Thames and Hudson, 1977)
Fred Gettings, *The Occult in Art* (Rizzoli, 1978)
Joscelyn Godwin, *Athanasius Kircher* (Thames and Hudson, 1979)
Joscelyn Godwin, *Robert Fludd* (Thames and Hudson, 1979)
Solange de Mailly Nesle, *Astrology: History, Symbols and Signs* (Inner Traditions International, 1981)
Maurice Tuchman et al., *The Spiritual in Art: Abstract Painting 1890-1985* (Abbeville, 1986)
John Fauvel et al, eds., *Let Newton Be!* (Oxford University Press, 1988)
Stanislas Klossowski de Rola, *The Golden Game: Alchemical Engravings of the Seventeenth Century* (Thames and Hudson, 1988)
*Gnosis: A Journal of the Western Inner Traditions,* No.8 (Lumen Foundation, 1988)
Joscelyn Godwin, ed., *Michael Maier's Atalanta Fugiens* (Phanes Press, 1989)
Adam McLean, *A Commentary on the Mutus Liber* (Phanes Press, 1991)
Adam McLean, ed., *Splendor Solis by Salomon Trismosin* (Phanes Press, 1991)
Adam McLean, ed., *The 'Key' of Jacob Boehme* (Phanes Press, 1991)
Zbigniew Szydlo, *Water Which Does Not Wet Hands: The Alchemy of Michael Sendivogius* (Polish Academy of Sciences, Institute for the History of Science, 1994)
Antoine Faivre, *Eternal Hermes: From Greek God to Alchemical Magus* (Phanes Press, 1995)
Andrea De Pascalis, *Alchemy: The Golden Art* (Gremese International, 1995)
Adam Hart-Davis, *What the Tudors & Stuarts Did For Us* (Boxtree, 2002)
Carlos Gilly and Cis van Heertum, eds., *Magic, Alchemy,and Science 15th-18th Centuries: The Influence of Hermes Trismegistus* (Centro Di, 2005)
Bruce Moran, *Distilling Knowledge* (Harvard University Press, 2005)
Alexander Roob, *The Hermetic Museum : Alchemy and Mysticism* (Taschen, 2006)
Arthur Greenberg, *From Alchemy to Chemistry in Picture and Story* (Wiley-Interscience, 2007)
Matilde Battistini, *Astrology, Magic, and Alchemy in Art* (The J. Paul Getty Museum, 2007)
Tobias Churton, *Invisibles: The True History of the Rosicrucians* (Lewis Masonic, 2009)

(以下の研究書・辞典も参考になる。)
John Reidy, ed., *Thomas Norton's Ordinal of Alchemy* (Oxford University Press, 1975)
Charles Nicholl, *The Chemical Theatre* (Routledge & Kegan Paul, 1980)
Nicholas Clulee, *John Dee's Natural Philosophy : Between Science and Religion* (Routledge, 1988)
Mark Haeffner, *The Dictionary of Alchemy* (The Aquarian Press, 1991)
William Newman, *Gehennical Fire: The Lives of George Starkey, an American Alchemist in the Scientific Revolution* (Cambridge University Press, 1994 )
Ralph White, ed., *The Rosicrucian Enlightenment Revisited* (Lindisfarne Books, 1999)
Urszula Szulakowska, *The Alchemy of Light: Geometry and Optics in Late Renaissance Alchemical Illustration* (Brill, 2000)
Lyndy Abraham, *A Dictionary of Alchemical Imagery* (Cambridge University Press, 2001)
William Newman and Anthony Grafton, eds., *Secrets of Nature: Astrology and Alchemy in Early Modern Europe* (The MIT Press, 2001)
Lawrence Principe, *Transmutations: Alchemy in Art* (Chemical Heritage Foundation, 2002)
William Newman and Lawrence Principe, *Alchemy Tried in the Fire: Starkey, Boyle, and the Fate of Helmontian Chemistry* (The University of Chicago Press. 2002)
Wouter Hanegraaff, ed., *Dictionary of Gnosis and Western Estericism* (Brill,2006)
Urszula Szulakowska, *Alchemy in Contemporary Art* (Ashgate, 2011)

## 文献解題——錬金術の日本への紹介

日本における錬金術の紹介は1960年代に始まる。60年代において錬金術を扱ったものとしては、シャーウッド・テイラーの『錬金術師』(1960年)とカート・セリグマンの『魔法』(1961年)の2冊ほどしかなかった。訳者はいずれも科学技術史研究者の平田寛(敬称略)である。テイラーは、1937年刊行の錬金術・初期化学史の学会誌「アムビックス」の編集者として名を連ねている著名な科学史家であり、ロンドンの科学博物館長にもなっている。1956年に逝去したさいにイギリスの化学者E・J・ホームヤードは、「アムビックス」に「テイラー追悼記事」を寄せている。それによるとテイラーが錬金術に興味をもつ契機となったのは「トマス・ヴォーンやウィリアム・ブレイクなどのような詩人=神秘家に熱中していた」ためであるという。一方、スイス生まれの美術評論家セリグマンと「魔法」との結びつきは、意外に思われるかもしれないが、彼が20世紀前半において超現実主義的な画家として出発したことに着目する必要がある。シュルレアリスムなど超現実主義的なモダニズム芸術は、その思想的な背景として魔術と錬金術につながっているが、セリグマンの『魔法』は芸術家たちの情報源としての役割を果たした。この2冊に続いて吉田光邦の『錬金術—仙術と科学の間』(1963年)が刊行されているが、いずれも60年代に錬金術の紹介が科学技術史の専門家によって行われていたことを示している。

1970年代に入ると錬金術の紹介は、フランス文学の澁澤龍彦(1928-87年)とドイツ文学の種村季弘(1933-2004年)などに代表されるように、文学研究・美術批評の視点から行われるようになる。澁澤龍彦の場合は、マルキ・ド・サドの『悪徳の栄え』をはじめとして異端的な文学の翻訳・紹介を手がけるほか、悪魔学・博物学・美術評論などの分野においてヨーロッパ文化を再考している。錬金術研究においては、シュルレアリスムとの関係を論じた「アンドレ・ブルトン—シュルレアリスムと錬金術の伝統」などの論考がある。種村季弘の場合は、『パラケルススの世界』(1977年)やグスタフ・ホッケの『文学におけるマニエリスム』(1977年)をはじめとして、文学・美術・演劇などの分野で翻訳・評論活動を展開した。70年代にはさらに、有田忠郎(フランス文学)による錬金術の翻訳・紹介がある。セルジュ・ユタンの『錬金術』(1972年)のほかに、77年から79年にかけてルネ・アロー監修の『ヘルメス叢書』(全7巻)の翻訳が刊行された。第1巻はニコラ・フラメルの『象形寓意図の書・賢者の術概要・望みの望み』であり、澁澤龍彦による叢書紹介のパンフレットにもブルトンとシュルレアリスムとの関係が紹介されている。70年代のもう一つの出来事は、カール・G・ユングの『心理学と錬金術』(1976年)の翻訳が刊行されたことである。原著は30年以上も前に出版されているが、錬金術の根源を錬金術師自身の投影体験に見ようとするユングの解釈は、錬金術への新たな関心を呼び起こすことになった。ミルチャ・エリアーデによる宗教学・神話学の視点からの研究の紹介がこれに続く。

美術史・心理学・神話学などの視点から次々に新しい側面を見せつつあった錬金術は、1980年代になると、魔術的な側面から問いなおされるようになる。その象徴的な著作となるのは、ロンドン大学ウォーバーグ研究所を中心にしてルネサンス精神史研究に新機軸を打ち出したフランセス・イエイツの『薔薇十字の覚醒』(1986年)である。錬金術はヘルメス=カバラー的伝統、すなわち西洋エソテリシズムの文脈に置きなおされ、この文脈のなかでジョスリン・ゴドウィン『交響するイコン』(1987年)、ウェイン・シューメイカー『ルネサンスのオカルト学』(1987年)、R・J・W・エヴァンズ『魔術の帝国』(1988年)、ピーター・フレンチ『ジョン・ディー』(1989年)などが陸続と紹介された。

1990年代に入ると、錬金術研究は化学史の分野において本格的に紹介され始める。この傾向の錬金術を代表する著作は、B・J・T・ドブズの『ニュートンの錬金術』(1995年)とアレン・ディーバスの『近代錬金術の歴史』(1999年)である。ドブズにはさらに『錬金術師ニュートン』(2000年)があり、100万語に及ぶともいわれるアイザック・ニュートンの膨大な錬金術手稿を分析することにより、錬金術の視点から新しいニュートン像を提示することになった。現在では、ドブズの研究は一部修正が加えられてはいるが、開かずの扉状態にあった手稿研究に一つの方向を示したという点において、記念碑的な著作といえる。錬金術の図像研究の分野では、S・クロソウスキー・ド・ローラの名著『錬金術図像大全』(1993年)が紹介されている。

21世紀に入った現在において錬金術研究の柱となっているのは、化学史の分野においてロバート・ボイルやジョージ・スターキーなどの錬金術の実験資料を客観的・実証的に検証しようとする、ウィリアム・ニューマンとロレンス・プリンシーペの研究である。その特徴は、カール・G・ユングやイエイツなどの神秘主義的な色彩の強い錬金術研究を、19世紀のオカルティズムにつながるものとして過小に評価しようとするところにある。しかし、この傾向も時がくれば、やがて揺り戻しがくることが予想される。60年前にテイラーは、「心理学の資料としてのみ捉えると、錬金術の真の意義を誤解する」としてユングの錬金術を批判していたが、一方において錬金術を「まったくの物質的化学にほかならぬものとして扱うことは疑いもなく誤りである」と警告している。錬金術のみならず、啓示宗教を世俗化することにより成立した近代ヨーロッパ文化は、その根底において神秘主義と合理主義が共存しており、いずれかを欠いた状態で全体像を捉えることはできないのである。

## 参考文献


F・シャーウッド・テイラー『錬金術師—近代化学の創設者たち』(平田寛訳・筑摩書房・1960年。平田寛・大槻真一郎訳・人文書院・1978年)

カート・セリグマン『魔法—その歴史と正体』(平田寛訳・平凡社・1961年。人文書院・1991年)

吉田光邦『錬金術—仙術と科学の間』(中公新書・1963年)

アグリコラ『デ・レ・メタリカ』(三枝博音訳・『近世技術の集大成』所収・岩崎学術出版社・1968年)

セルジュ・ユタン『錬金術』(有田忠郎訳・白水社・1972年)

ベン・ジョンソン『錬金術師』(大場建治訳・南雲堂・1975年)

カール・G・ユング『心理学と錬金術』全2巻(池田紘一・鎌田道生訳・人文書院・1976年)

ニコラ・フラメル『象形寓意図の書・賢者の術概要・望みの望み』(有田忠郎訳・白水社・1977年)

グスタフ・ホッケ『文学におけるマニエリスム—言語錬金術ならびに秘教的組み合わせ術』(種村季弘訳・現代思潮社・1977年)

種村季弘『パラケルススの世界』(青土社、1977年)

スタニスラス・クロソウスキー・ド・ローラ『錬金術—精神変容の秘術』(種村季弘訳・平凡社・1978年)

アンリ・マスペロ『道教』(川勝義雄訳、平凡社、1978年)

マンリー・P・ホール『象徴哲学大系』全4巻(大沼忠弘他訳・人文書院・1980-81年)

アイザック・ニュートン『光学』(島尾永康訳・岩波文庫・1983年)

ヨラン・ヤコビ編『パラケルスス—自然の光』(大橋博司訳・人文書院・1984年)

フランセス・イエイツ『薔薇十字の覚醒』(山下知夫訳・工作舎・1986年)

ジョスリン・ゴドウィン『交響するイコン—フラッドの神聖宇宙誌』(吉村正和訳・平凡社・1987年)

ウェイン・シューメイカー『ルネサンスのオカルト学』(田口清一訳・平凡社・1987年)

R・J・W・エヴァンズ『魔術の帝国—ルドルフ二世とその世界』(中野春夫訳・平凡社・1988年)

ピーター・フレンチ『ジョン・ディー—エリザベス朝の魔術師』(高橋誠訳・平凡社・1989年)

『キリスト教神秘主義著作集第13巻—ヤコブ・ベーメ』(南原実訳・教文館・1989年)

『インド錬金術』(佐藤任・小森田精子訳著・東方出版・1989年)

クリストファー・マッキントッシュ『薔薇十字団』(吉村正和訳・平凡社・1990年)

S・K・ヘニンガー・ジュニア『天球の音楽—ピュタゴラス宇宙論とルネサンス詩学』(山田耕士他訳・平凡社・1990年)

●著者略歴

吉村正和（よしむら・まさかず）
一九四七年、愛知県生まれ。一九七四年、東京大学大学院人文科学研究科博士課程中退。名古屋大学教授を経て、現在、名古屋大学名誉教授。専攻は、近代ヨーロッパ文化史、西洋神秘思想史。著書に『フリーメイソン』（講談社現代新書）、『図説 フリーメイソン』『図説 魔術と秘教』（河出書房新社）、『心霊の文化史』（河出書房新社）、『フリーメイソンと錬金術』（人文書院）、訳書にエイブラムズ『自然と超自然』（平凡社）、ゴドウィン『図説 古代密儀宗教』（平凡社）、マッキントッシュ『薔薇十字団』（ちくま学芸文庫）、ホール『象徴哲学大系』（共訳・人文書院）などがある。



ふくろうの本

新装版
図説 錬金術 歴史と実践

二〇一二年 一 月三〇日初版発行
二〇二四年 六 月二〇日新装版初版印刷
二〇二四年 六 月三〇日新装版初版発行

著者……………………吉村正和
装幀……………………松田行正＋杉本聖士
本文デザイン…………日高達雄＋伊藤香代
発行者…………………小野寺優
発行……………………株式会社河出書房新社
〒一六二-八五四四
東京都新宿区東五軒町二-一三
電話 〇三-三四〇四-一二〇一（営業）
〇三-三四〇四-八六一一（編集）
https://www.kawade.co.jp/
印刷……………………大日本印刷株式会社
製本……………………加藤製本株式会社

Printed in Japan
ISBN978-4-309-76333-0

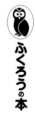